轻松掌握 3D 打印系列丛书

3D 打印机轻松 DIY

第 2 版

张 统 宋 闯 编著

U0190886

机械工业出版社

本书共分 8 章，介绍了 3D 打印现状和 3D 打印机种类，3D 打印机组装硬件及软件入门知识；详解 3D 打印机的组装过程、调试及故障排除，同时提供 3D 打印机组装的全过程视频光盘。附录部分提供了 3D 打印机的一些故障排除和维修、国内部分 3D 打印机厂家及网址、国内部分 3D 打印行业网站及论坛网址，以及国内外部分 3D 打印模型下载链接。

本书适合 3D 打印爱好者，或有自动化或机械等专业背景的学生，创客以及从事快速成型相关研究的人员阅读、参考，可按部就班地成功组装 3D 打印机并掌握 3D 打印模型技巧，同时可进行 3D 打印机的功能拓展与开发。

图书在版编目（CIP）数据

3D 打印机轻松 DIY/张统，宋闯编著. —2 版. —北京：机械工业出版社，2017.9（2022.7 重印）

（轻松掌握 3D 打印系列丛书）

ISBN 978-7-111-57519-1

Ⅰ．①3… Ⅱ．①张… ②宋… Ⅲ．①立体印刷—印刷术—基本知识

Ⅳ．①TS853

中国版本图书馆 CIP 数据核字（2017）第 177898 号

机械工业出版社（北京市百万庄大街 22 号　邮政编码 100037）

策划编辑：周国萍　　责任编辑：周国萍

责任校对：佟瑞鑫　　封面设计：路恩中

责任印制：常天培

北京机工印刷厂有限公司印刷

2022 年 7 月第 2 版第 5 次印刷

169mm×239mm · 17.25 印张 · 198 千字

标准书号：ISBN 978-7-111-57519-1

　　　　　ISBN 978-7-88709-963-1（光盘）

定价：69.00 元（含 2DVD）

前　言

3D 打印技术（也称为增材制造技术，区别传统的减材技术），是以数字化、人工智能化及新型材料应用为特征的生产制造方式，改变了传统的工业生产制造模式，被称为是第三次工业革命的标志。

世界各国在争先恐后地发展和推动 3D 打印技术，美国率先在国家层面上建立了战略规划，以强力推动本土 3D 打印技术的统一协调发展。一方面，通过政府资金投入的牵引，突破现有技术瓶颈；另一方面，通过商业合作、媒体宣传、人才培养等多种方式，拓展 3D 打印技术在各领域的应用和商业推广。

我国围绕落实《中国制造 2025》，支持开发工业大数据解决方案，利用大数据培育发展制造业新业态，开展工业大数据创新应用试点。同时，促进大数据、云计算、工业互联网、3D 打印、个性化定制等的融合集成，推动制造模式变革和工业转型升级。

3D 打印作为智能制造的组成部分，创新创业的重要工具，头脑中创意的实现手段，应该被大众所了解和掌握。目前，大众还主要是从媒体和热点中了解 3D 打印，比如打印枪支、打印房屋等新闻，还没有真正介入其中。因此，受机械工业出版社的委托，写一本有关组装和调试 3D 打印机的教程，于是本书应运而生。

本书第 1 版出版后，受到读者欢迎。不少初学者依据书中内容组装出了第一台 3D 打印机；获得了 3D 打印界的一些良好反馈，一些企业参考本书内容开发了新的机器；最远影响到西藏那曲地区，当地学校用本书来指导 3D 打印实验室的建设；3D 打印爱好者根据本书的信息进行了新型 3D 打印机的设计；不少中职和高校将本书用作

3D 打印创新创业中心（双创中心）的参考书籍。在第 1 版的编写过程中，由于当时可以参考的专业资料不是太多，3D 打印爱好者的规模也没有现在这么庞大，随着时间的推移，一些设计和结构面临更新，越来越多新的硬件诞生，因此需要增加新的 DIY 机型，附录中的一些 3D 打印机厂家和网址也发生了变更，有必要对第 1 版进行修订。

　　3D 打印的精髓其实在于其天马行空、不受限制的想象创意能力。因此，首先让大家知道 3D 打印的来龙去脉尤为重要。

　　本书的第 1 章为 3D 打印的起源部分，讲述了 3D 打印的历史渊源，其目的是让大家了解 3D 打印这种技术是如何发展起来的；介绍了 3D 打印的定义与原理，用图解的形式让大家认识 3D 打印的基本概念和特点；接下来介绍了当今最常见的 3D 打印机技术分类和技术特点，同时对未来 3D 打印在生活中的应用做了简略的描述。当然 3D 打印的应用开发仅为冰山一角，更多的还希望读者关注其发展，并终将受益。

　　第 2 章介绍了 Reprap 开源 3D 打印机的历史轨迹，其目的是让大家了解开源硬件在推动 3D 打印机发展中所起的作用；回顾了各个时期的主要 3D 打印机机型和特点，让大家受到启发，今后也可以在其基础上改进开发适合自己的 3D 打印机机型；同时给大家选择不同机型的建议；本章还增添了关于 3D 打印材料的内容，介绍了各种材料的特性，以及不同技术原理打印机所用的打印材料，还对新型材料做了展望，让大家对 3D 打印机所用材料有个初步的认识；最后部分是准备工具方面的经验之谈。

　　第 3 章进入 3D 打印机组装的硬件介绍部分，系统地介绍了 Prusa i3、Kossel Mini 以及 Ultimaker2 三种主要 3D 打印机机型硬件部分的知识，详细说明选择的依据，使 3D 打印爱好者可以轻松选择组装 3D 打印机的硬件。

第 4 章为 3D 打印机软件方面知识的详细介绍，介绍了 3D 打印机控制板固件设置的知识，以及常用的 3D 打印机上位机控制软件，更加完整地讲解了两种主要 3D 打印模型文件切片软件,和后面的 3D 打印技巧遥相呼应，为以后章节的打印机操作和打印完美模型埋下了伏笔。让懂软件的技术人员迅速进入 3D 打印相关软件领域，让不懂软件的 3D 打印爱好者按图索骥，迅速掌握其软件知识。

第 5 章进入 3D 打印机组装实战，本章提供了 Prusa i3、Kossel Mini 和 Ultimaker2 三种应用最广的 3D 打印机机型组装过程，第一部分为 Prusa i3，按从下到上、从外到内的顺序组装；第二部分、第三部分为 Kossel Mini 和 Ultimaker2，也按照从外部框架到内部的顺序安装。三个组装实例均有图解，按照图示和文字说明，以及本书所附的组装视频讲解，可以轻松完成三种机型的组装，并了解三种不同机型的特点。

第 6 章演示组装后的 3D 打印机如何进行调试，让大家学习一些基本的调试技巧，将最终影响打印成品质量的机器因素减小到最小。

第 7 章 3D 打印机打印技巧部分，完全根据编者的经验总结，甚至有一些日常操作 3D 打印机的好办法，配合第 4 章软件的设置部分，让大家对如何设置一些打印参数、如何打印出高质量的模型有清晰的认识。

第 8 章的 3D 打印机改进和功能开发部分，完全为那些不满足于现有的机器功能，有志于新机器功能开发的读者提供。本章整理了最新的一些 3D 打印机的改进和功能拓展，仅作抛砖引玉，让大家在此基础上发挥出想象力和创造力，开发出更新颖、更有创意的 3D 打印机。

附录 A 和 B 部分提供了 3D 打印机的一些故障排除和维修方法，在 3D 打印机组装的过程中也有所涉及。附录 C 提供了国内的一些

3D 打印机厂家及网址。附录 D 为国内部分 3D 打印行业网站及论坛网址，让读者可以随时在网站上面了解最新 3D 打印资讯。附录 E 提供了国内外的一些 3D 打印模型下载链接地址。

本书的第 3、4、5、6 章 3D 打印机软件、硬件和组装调试方面的知识，附录 A 和 B 部分由张统老师编写。我编写了第 1、2、7、8 章，附录 C、D、E 部分。还有一些地方为共同润色。本书 3D 打印机组装的全过程视频由张统老师讲解，由我负责录制、剪辑和后期制作。

《3D 打印机轻松 DIY》适合想了解 3D 打印，并紧跟 3D 打印趋势的人群，图文并茂，让 3D 打印爱好者或有自动化、机械等专业背景的学生，以及从事快速成型相关研究的人员、创客等人群，迅速熟悉整个 3D 打印流程，能按部就班地成功组装打印机并掌握 3D 打印模型技巧，可进行 3D 打印机的功能拓展开发，迅速进入 3D 打印行业。在 3D 打印的大浪潮来临之际，希望大家抓住这个机会，实现自己的创意与创业梦，木每 3D 打印培训网必将竭尽所能，为大家提供 3D 打印的培训便利。

本书在成书过程中，获得了不少单位的无私支持，感谢机械工业出版社对作者的信任，感谢大连多维空间在拍摄 Ultimaker2 组装过程中提供的机器和技术支持，感谢大连各 3D 打印企业在信息方面提供的支持，更要感谢大连人社局创业服务中心提供的场地支持。

然而，我们还处于 3D 打印行业的拓荒阶段，缺少相关经验加以借鉴，本书存在的一些错误和偏颇之处，希望读者给予谅解。

木每 3D 打印培训网 www.mdnb.cn

大连木每三维打印有限公司

总经理　宋闯

目　　录

第 1 章　走进 3D 打印

1.1　3D 打印起源、原理及优点

1.1.1　3D 打印的起源

长久以来，科学家和技术工作者一直有着一个用机器制作立体模型的设想，科幻电影中也常出现这样的镜头，成龙的《十二生肖》中制作生肖头像的神奇技术让大家大为惊奇。这个神奇的技术思想来源就是 3D 打印，3D 打印技术的核心制造思想在美国早已经出现。

1892 年，J. E. Blanther 在其美国专利中建议用分层构造法构建立体地形图，首创了叠层制造原理。

1902 年，Carlo Baese 的专利提出了用光敏聚合物制造塑料件的原理。

1904 年，Perera 提出了将硬纸板切割出轮廓线，再将这些纸板粘接成三维地形图的方法。

20 世纪 50 年代后，出现了几百个有关 3D 打印的专利。尤其在 80 年代后期，3D 打印技术有了根本性的发展，出现的专利更多，仅在 1986—1998 年间注册的美国专利就有 24 个。1982 年，日本名古屋市

工业研究所首次公开实现实体模型的印制；1986 年，查尔斯·W. 赫尔（Chuck Hull）发明的立体光刻成型技术（Stereolithography Appearance，SLA，也被称为光固光成型）被授予了专利，所以我们认为发明"现代"3D 打印机的人是查尔斯·W. 赫尔；1988 年，Feygin 发明了分层实体制造；1989 年，美国得克萨斯州大学奥斯汀分校的 Deckard 博士发明了选择性激光烧结技术（Selective Laser Sintering，SLS），其实在 1979 年，类似的过程已经由 RF Housholder 得到专利，但没有被商业化；1992 年，Crump 发明了熔融沉积制造技术（Fused Deposition Modeling，FDM），随后美国麻省理工学院（MIT）的 E. M.Scans 和 M. J. Cima 等首先提出了 3D 打印技术的概念，并创建了 3D 打印企业 Z Corp。

随着 3D 打印专利技术的不断发明，相应地用于生产的设备也被研发出来。

1988 年，美国的 3D Systems 公司根据查尔斯·W. 赫尔的专利，生产出了第一台现代 3D 打印设备—— SLA-250（光固化成型机），开创了 3D 打印技术发展的新纪元。

在此后的十年中，3D 打印技术蓬勃发展，涌现出了十余种新工艺和相应的 3D 打印设备。

1991 年，Stratasys 公司的 FDM 设备、Cubital 的实体平面固化（Solid Ground Curing，SGC）设备和 Helisys 的 LOM（Laminated Object Manufacturing，分层实体制造）设备都实现了商业化。

1992 年，DTM（现在属于 3D Systems 公司）的 SLS 技术研发成功。

1994 年，德国公司 EOS 推出了 EOSINT 选择性激光烧结设备。

1996 年，3D Systems 公司使用喷墨打印技术制造出其第一台 3D 打印机——Actua 2100。同年，Z Corp 也发布了 Z402 3D 打印机。

近年来，随着 3D 打印技术的推广和媒体的广泛报道，除了军工、工业制造等传统领域，3D 打印机开始走向民用，国内外出现了巧克力、陶瓷、黏土、纸张等多种材料、小型化的 3D 打印机，甚至连面向教育界的儿童 3D 打印机都已经问世，如图 1-1、图 1-2 所示。

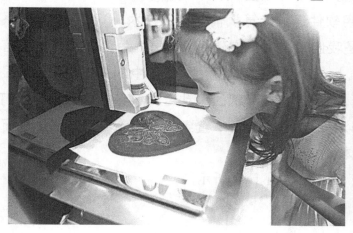

图 1-1　巧克力 3D 打印机

图 1-2　儿童 3D 打印机

1.1.2　3D 打印的基本原理

3D 打印(3D Printing)，又称为增材制造(Additive Manufacturing，

AM），目前国内习惯把快速成型技术形象地称为"3D 打印"或者"三维打印"，但实际上"3D 打印"或者"三维打印"只是快速成型的一个分支。简而言之，3D 打印是一种以数字模型文件为基础的直接制造技术，基本分为软件建模—切片—选材料—累加打印 4 个主要过程。

首先用软件通过计算机辅助设计技术（CAD）完成一系列数字切片，也就是我们常说的数字建模；建模之后将这些切片的信息传送到 3D 打印机上；3D 打印机通过读取文件中的横截面信息，根据实际需要选用液体状、粉状或片状的可粘合材料将这些截面逐层打印，并将各层截面以各种方式粘起来，直到一个固态物体成型，从而累加制造出一个实体。

3D 打印过程如图 1-3 所示。

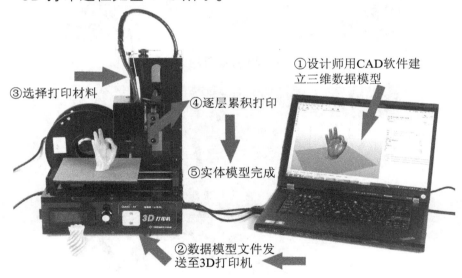

①设计师用CAD软件建立三维数据模型

③选择打印材料

④逐层累积打印

⑤实体模型完成

②数据模型文件发送至3D打印机

图 1-3　3D 打印过程

从图 1-3 可以看出，3D 打印，以采用计算机，满足快速柔性化需求为主要目标，必须有几何模型的计算机设计和对其进行分层解析的软件技术，还要有能够控制激光束（或电子束、电弧等高能束）按任意设定轨迹运动的振镜技术、数控机床或机械手。3D 打印需要依托至少包括信息技术、精密机械和材料科学三大技术。因此，3D 打印技术应被称为"信息化增材制造技术"或"数字化增材制造技术"更准确。

1.1.3　3D 打印的优点

3D 打印的优点如下：

1）传统的机械加工技术通常采用切削或钻孔技术（减材工艺）实现，而 3D 打印技术可以大幅度地节省材料，不仅大大降低了制造的复杂程度，而且使用快速成型技术和快速制造技术，是不需要开模具的，可使新产品研制的成本下降和周期缩短。再加上快速成型和快速制造设备大部分可以实现无人值守、24h 的不间断加工，也就为厂商节约了人工成本，提高了生产效率。

2）3D 打印机与传统打印机最大的区别在于，它使用的"墨水"是实实在在的原材料。3D 打印技术的特点在于其几乎可以制造任意形状的三维实体，"打印"的产品是自然无缝连接的，一体成型，结构之间的稳固性和连接强度要远远高于传统方法，而且不受产品结构和形状的限制。任何复杂的造型和结构，只要有 CAD 数据，都可以打印完成，这样就给产品的个性化、定制化提供了可能性。

3）由于采用 3D 打印快速成型和快速制造，后期辅助加工量大大减小，避免了委托外界加工的数据泄密和时间跨度，尤其适合一些高保密性的行业，如军工、核电领域、新产品研发等。苹果、微软等公司在新产品的设计研发阶段，已经采用 3D 打印技术。

4）3D 打印技术可以贯穿使用在产品设计、开发、试制、小批量生产等环节，而且无论是工业制造领域、教育领域、医疗领域、文物保护领域还是其他领域，大至一架飞机，小到一枚戒指，只要需要进行实物打样或者试制，都可以使用 3D 打印技术，适用面非常广泛。

1.2　3D 打印机分类及常见的 3D 打印机

现阶段 3D 打印存在着许多不同的技术，因此出现了基于不同技术的 3D 打印机，它们的不同之处在于使用打印材料的方式，并以不同层来构建创建部件。每种技术都有各自的优缺点，有些技术利用熔化或软化可塑性材料的方法来制造打印的"墨水"，例如选择性激光烧结（SLS）和熔融沉积制造技术（FDM）；还有一些技术是用液体材料作为打印的"墨水"的，例如立体光刻成型（SLA）、数字光处理（DLP）。部分打印机采用的技术和材料见表 1-1。

表 1-1　部分打印机采用的技术和材料

3D 打印机采用的累积技术	基本打印材料
选择性激光烧结（Selective Laser Sintering，SLS）	热塑性塑料、金属粉末、陶瓷粉末
直接金属激光烧结（Direct Metal Laser Sintering，DMLS）	几乎任何合金
熔融挤压堆积成型（Fused Deposition Modeling，FDM）	热塑性塑料，可食用材料
立体光刻成型（Stereolithography Appearance，SLA）	光硬化树脂（光敏树脂）
数字光处理（Digital Light Processing，DLP）	液态树脂
熔丝制造（Fused Filament Fabrication，FFF）	聚乳酸、ABS 树脂
融化压模式（Melted and Extrusion Modeling，MEM）	金属线、塑料线
分层实体制造（Laminated Object Manufacturing，LOM）	纸、金属膜、塑料薄膜
电子束熔化成型（Electron Beam Melting，EBM）	钛合金
选择性热烧结（Selective Heat Sintering，SHS）	热塑性粉末
粉末层喷头 3D 打印（Powder bed and inkjet head 3D Printing，3DP[①]）	石膏粉末

① 又被称为 Three Dimensional Printing and Gluing（三维喷涂粘结成型）。

常见的 3D 打印机介绍如下：

1. FDM（熔融挤压堆积成型）3D 打印机（图 1-4）

FDM 3D 打印机工艺的关键是保持半流动成型材料刚好在熔点

之上（通常控制在比熔点高 1℃左右）。FDM 喷头受 CAD 分层数据控制使半流动状态的熔丝材料（丝材直径一般在 1.5mm 以上）从喷头中挤压出来，凝固形成轮廓形状的薄层。每层厚度范围在 0.025～0.762mm，一层叠一层最后形成整个零件模型。此种工艺应用较广，因此本书以组装 FDM 3D 打印机为例。

FDM 工艺使用的原材料是热塑性材料，如 ABS、PC、PLA 等丝状供料，精度为 0.025～0.762mm。

FDM 3D 打印机的特点：

1）系统构造原理和操作简单。

2）维护成本低，系统运行安全。

3）可以直接用于失蜡铸造。

4）可以成型任意复杂程度的零件。

5）支撑去除简单，无须化学清洗。

图 1-4　FDM 机型—— Prusa i3

2. SLS（选择性激光烧结）3D 打印机（图 1-5）

SLS 3D 打印机采用 CO_2 激光器作为烧结光源，目前使用的造型材料多为各种粉末材料。在工作台上均匀铺上一层很薄（100～200μm）的粉末，激光束在计算机控制下按照零件分层轮廓有选择性地进行烧结，一层烧结完成后再进行下一层。全部烧结完成后去掉多余的粉末，再进行打磨、烘干等处理，便获得零件。目前，成熟的工艺材料为蜡粉及塑料粉、金属粉、陶瓷粉，如尼龙、ABS、树脂裹覆砂（覆膜砂）、聚碳酸酯等。

SLS 3D 打印机的特点：

1）可制作金属制品。

2）可采用多种材料。

3）制作工艺比较简单。

4）无须支撑结构。

5）材料利用率高。

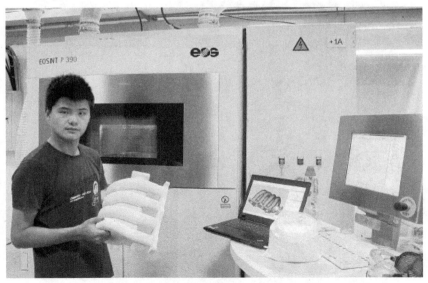

图 1-5　SLS 机型——德国 EOS

3.　3DP（粉末层喷头）3D 打印机（图 1-6）

3DP 成型工艺的原理是将粉末由储存桶送出一定分量，再以滚筒将送出的粉末在加工平台上铺一层很薄的原料，喷嘴依照 3D 计算机模型切片后获得的二维层片信息喷出粘结剂，粘接粉末。打印完一层，加工平台自动下降一层，储存桶上升一层，刮刀由升高的储存桶把粉末推至工作平台并把粉末推平，再喷粘结剂，如此循环便可得到所要的形状。该种工艺是目前唯一可打印全彩色样件的 3D 打印工艺。3DP 3D 打印机使用的材料为粉末材料，如石膏粉末；精度为 0.013～0.1mm。

3DP 3D 打印机的特点：

1）成型速度快。

2）可以制作彩色原型。

3）粉末在成型过程中起支撑作用，且成型结束后，比较容易去除。

图 1-6　3DP 机型——Project660

4．SLA（立体光固化成型）3D 打印机（图 1-7）

SLA 3D 打印机用特定波长与强度的激光束聚焦到光固化材料表面，使之由点到线，由线到面顺序凝固，完成一个层面的绘图作业，然后升降台在垂直方向移动一个层片的高度，再固化另一个层面，这样层层堆叠构成一个三维实体。

SLA 3D 打印机的特点：

1）发展时间最长，工艺最成熟，应用最广泛。在全世界安装的快速成型 3D 打印机中，光固化成型系统约占 60%。

2）成型速度较快，系统工作稳定。

3）具有高度柔性。

4）精度很高，可以做到微米级别，比如 25μm。

5）表面质量好，比较光滑，适合做精细零件。

5．DLP（数字光处理）3D 打印机

DLP 数字光处理工艺的成型原理与 SLA 光固化成型技术相似，都是利用感光聚合材料（主要是光敏树脂）在紫外光照射下会快速凝固的特性。不同的是，DLP 技术使用高分辨率的数字光处理器投影仪来投射紫外光，每次投射可成型一个截面。因此，从理论上，速度也比同类的 SLA 快很多。精度为 0.1～0.2mm。

DLP 3D 打印机的特点：

1）成型过程自动化程度高。

2）尺寸精度高。

3）优良的表面质量。

4）使 CAD 数字模型直观化，降低错误修复的成本。

5）加工结构和外形复杂或使用传统手段难以成型的原型和模具。

图 1-7 DLP 机型——国产 UM1+

6. CLIP（Continuous Liquid Interface Production，持续液态界面生产）3D 打印机[⊖]（图 1-8）

CLIP 3D 打印机是应用最新出现的持续液态界面生产技术，此技术依赖于特殊的透明透气"窗户"，供光和氧气进入。这些"窗户"类似于大型隐形眼镜。打印机可以控制氧气进入树脂池的总量及时间。进入树脂池的氧气会抑制某部分树脂固化，与此同时，光会固化剩余的液态树脂。树脂池中有氧气的地方会形成几十微米厚的"死水区域"（为 2~3 个血红细胞的直径），此处无法发生光聚合反应。然后，打印机用紫外线光照使剩余树脂固化，从液体中"生长"出来。

⊖ 此类打印机是 2015 年 3 月出现的。

图 1–8　CLIP 3D 打印机

CLIP 3D 打印机的特点：

1）CLIP 技术更像注塑零件，能保证稳定、可预测的力学性能，外表光滑，内部结实。

2）比目前市场上的其他光固化技术 3D 打印机打印速度快 25～100 倍。

1.3　未来 3D 打印应用趋势

3D 打印的原理和优点决定了 3D 打印这项集光、机、电、数控及新材料于一体的先进制造技术，可以广泛应用于航空航天、军工与武器、汽车与赛车、电子、生物医学、牙科、首饰、游戏、消费品和日用品、食品、建筑、教育等众多领域。尤其是近年来，3D 打印技术发展迅速，在各个环节都取得了长足进步。通过与数控加工、铸造、金属冷喷涂、硅胶模等制造手段相结合，该技术已成为现代模型、模具和零件制造的有效手段。

我们可以从以下几个主要的领域来展示 3D 打印技术在现阶段以及未来的应用趋势。

1）工业制造：产品概念设计、原型制作、产品评审、功能验证；制作模具原型或直接打印模具，可以直接打印产品。3D 打印的小型无人飞机、小型汽车（图 1–9）等概念产品已问世。

图 1-9　3D 打印的汽车

2）文化创意和数码娱乐：用于形状和结构复杂、材料特殊的艺术表达载体。科幻类电影《阿凡达》运用 3D 打印塑造了部分角色和道具，3D 打印的小提琴接近了手工艺的水平。图 1-10 为 3D 打印的特殊构件和乐器。

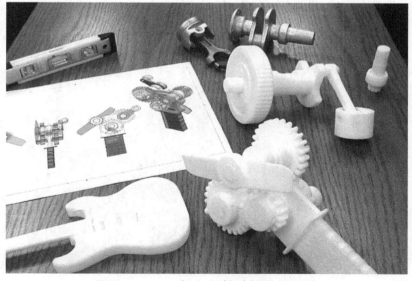

图 1-10　3D 打印的特殊构件和乐器

13

3）航空航天、国防军工：用于复杂形状、尺寸微细、特殊性能的零部件、机构的直接制造。图 1-11 为美国宇航员在失重状态下测试 3D 打印机。

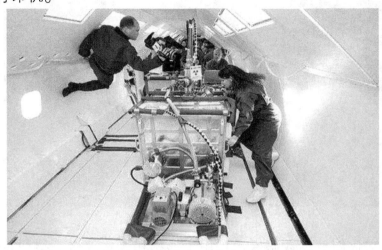

图 1-11　美国宇航员在失重状态下测试 3D 打印机

4）生物医疗：在生物医疗方面，3D 打印已经可以制作人造骨骼、牙齿、助听器、义肢等，未来甚至可以打印人体可以替代的细胞和器官。图 1-12 为生物组织的 3D 打印机。

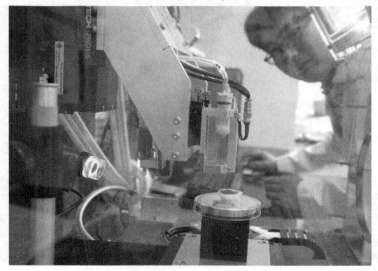

图 1-12　生物组织的 3D 打印机

5）消费品：用于日常生活中珠宝、服饰、鞋类、玩具、创意DIY作品的设计和制造，如图1-13所示。

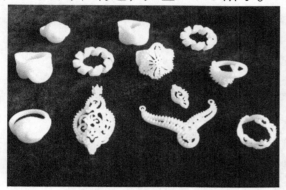

图1-13　3D打印机打印的作品

6）建筑工程：用于建筑模型风动实验和效果展示、沙盘模型等，便于建筑工程和施工（AEC）模拟。图1-14为3D打印机打印的建筑模型。

图1-14　3D打印机打印的建筑模型

在房屋的修建方面，3D打印不仅能打印出各种房型，而且能直接打印出各种外立面造型的房屋，让建筑的艺术性通过3D打印技术一次性实现。3D 打印建筑对各种特殊设计结构、空间结构、研发性产品、单一样品具有比常规施工技术更明显的优势。图 1-15 为我国企业用建筑 3D 打印机打印构件后组装的房屋。

图 1-15　3D 打印构件之后组装的房屋

　　7）教育：用 3D 打印的模型来验证科学假设，用于不同学科的实验、教学、教具。在北美的一些中学、普通高校和军事院校，3D 打印机已经被用于教学和科研；我国的高校和中小学，3D 打印机已经越来越多地走进课堂，如图 1-16 所示。

图 1-16　3D 打印机走进小学生课堂

8）个性化定制：3D 打印的数据文件可以远程传输，因此可以开展基于网络的数据下载、电子商务的个性化打印定制服务，3D 打印技术在未来将革命性地改变日常生活。图 1-17 为远程打印的埃菲尔铁塔。

图 1-17　远程打印的埃菲尔铁塔

9）食品行业：食物 3D 打印机是一款可以把食物"打印"出来的机器。它使用的不是墨盒，而是把食物的材料和配料预先放入容器内，再输入食谱，按下按钮，余下的烹制程序由 3D 打印机去做，输出来的是真正可以吃的食物。人们可借助这一机器以巧克力或其他食材为原料"打印"出各种造型奇特的食品。图 1-18 为国内研制的煎饼 3D 打印机。

研究人员认为，食品 3D 打印机有助于利用全新食材，便捷地制作非传统食品。比如食品加工者从藻类中提取蛋白质，而后"打印"成高蛋白食品。3D 打印机不仅方便打印食物，而且也能帮助人们设计出不同样式的食物。由于打印机所使用的"墨水"均为可食用性的原料，如巧克力汁、面糊、奶酪等，一旦人们在计算机上画好食物的样式图并配好原料，系统便会显示出打印机的操作步骤，完成食物的"搭建"工作。食物3D打印机将大大简化食物的制作过程，同时也能够帮助人们制作出更加营养、健康且有趣的食品。

图1-18　国内研制的煎饼3D打印机

第 2 章　3D 打印机组装前的准备

2.1　了解 Reprap 3D 打印机

2.1.1　发展历史

促使 3D 打印机逐渐普及和价格降低的因素有很多，比如 3D 建模软件的改进、配件的标准化、民众关注度的提高等，而 3D 打印机采用的开源硬件 Arduino 是其价格迅速下降的主要原因。开源硬件 Arduino 是一款电子原型平台，该平台包括一片具备简单 I/O 功效的电路板以及一套程序开发环境。它为 3D 打印机提供了一个便宜而又强大的解决方案，加上与其他开源技术的配合，3D 打印机的生产门槛越来越低。Reprap 是最早使用 Arduino 作为控制方案的 3D 打印机，所以大多数以它为"蓝本"的改进产品也是采用 Arduino 作为主控设备的，图 2-1 为 Arduino 开源电路板。

Reprap（Replicating Rapid Prototyper）就是快速自我复制原型的意思，该系列打印机设计初衷就是为了让越来越多的人可以拥有 3D 打印机。Reprap 开源 3D 打印项目由英国巴斯大学高级讲师阿里

德安（Adrian Bowyer）博士创建于 2005 年，他把安装过程和文件
通过开源的方式分享出来，而且 Reprap 可以打印出大部分的自身
（塑料）部件，因此 Reprap 3D 打印机被称作是可以自我复制的 3D
打印机。图 2-2 为 Reprap 开源 3D 打印机鼻祖。

图 2-1　Arduino 开源电路板

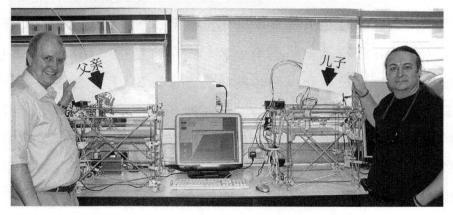

图 2-2　Reprap 开源 3D 打印机鼻祖

Reprap 3D 打印机价格相对低廉，并拥有全世界众多的开发和使
用者。近年来 Reprap 3D 打印机快速发展，很大一部分得益于该项

目的开源特性，任何人都可以获得 3D 打印机的全部资料，可以在别人的基础上改进和传播，且不收取任何费用。

Reprap 项目已经发布了多个版本的 3D 打印机。最早由"达尔文（Darwin）""孟德尔（Mendel）"逐步发展到类似机型 Mendel Prusa 系列，Prusa 又经历了两代的改进到目前非常流行的 Prusa i3 3D 打印机。同时还衍生了一系列产品，比如体积更小的 Huxley（赫胥黎）3D 打印机，以及可以打印三种颜色的 TriColor Mendel 3D 打印机。开发者采用著名生物学家们的名字来命名，因为 Reprap 就是名副其实的"复制和进化"。

2007 年发布了"Darwin"，"Darwin"是方盒状的 3D 打印机，Z 轴通过安装在盒子四角的螺纹杆实现打印平台上、下滑动，打印喷头采用 X 和 Y 轴双向移动。图 2-3 为 Darwin（Reprap 第 1 代产品）。

图 2-3　Darwin（Reprap 第 1 代产品）

2009 年发布了"Mendel"（图 2-4），Mendel（Reprap 第 2 代产品）3D 打印机呈三角形，用滚珠轴承取代了第一代机型的滑动轴承，减少了摩擦和误差。打印平台沿 Y 轴移动，打印喷头沿 X 轴移动，通过两个螺纹杆控制 Z 轴移动。与第一代相比，Mendel 3D 打印机有如下几个优点：

1）在节省桌面空间的情况下，提高了打印尺寸。

2）一定程度上解决了 Z 轴卡住问题。

3）X、Y、Z 各方向移动更有效率。

4）简化组装。

5）方便更换打印头。

6）更轻，便于移动。

图 2-4 Mendel（Reprap 第 2 代产品）

阿德里安的学生 Prusa 改进了原始孟德尔机型，在 2010 年发布了 Prusa Mendel 3D 打印机（ Reprap 的第 3 代产品，如图 2-5 所示），然后又继续改进，发布了基本类似的 Prusa Mendel i1、Prusa Mendel i2 版本。Prusa Mendel 是对原始 Mendel 的修改，简化了设计，更容易安装、修改、打印及修理。

图 2-5　Prusa Mendel（Reprap 第 3 代产品）

Huxley（Reprap 的第 3 代产品，如图 2-6 所示）这款 3D 打印机是原始 Mendel 3D 打印机的小尺寸版，所以也叫 Mini Mendel。

图 2-6　Huxley（Reprap 第 3 代产品）

阿德里安任教期满后创办了 ReprapPro 公司，继续研发 Reprap 3D 打印机，把 Mendel 发展成 Mono Mendel 和 TriColor Mendel。Mono Mendel 支持单色打印，而 TriColor Mendel 支持 3 色打印，Mono Mendel 可以升级为 TriColor Mendel。

框架结构的 Mendel 3D 打印机有 X 轴方向抖动的缺陷，Prusa 重新设计了一个框架来解决这个问题，Prusa Mendel i3 就诞生了。Prusa Mendel i3 的框架可以是亚克力、铝合金的激光切割件，也可以是木盒，因为安装简捷，比原始 Mendel 美观，又解决了 X 轴抖动问题，很快，这款机型变得非常流行。

在这期间最重要的一个分支为 MakerBot 3D 打印机。团队成员在最早研究 Reprap 3D 打印机时，突发奇想为什么不把 Reprap 3D 打印机放到一个盒子里面呢，于是就诞生了盒式的 MakerBot 3D 打印机。之后，他们创办了 MakerBot 公司，并且基于 Reprap Darwin 研制了第一台盒式 3D 打印机 CupCake CNC。由于销量不错，2010 年他们又研制了 Thing-O-Matic 盒式 3D 打印机。

2010 年，荷兰的 3 位年轻创客 Siert Wijnia、Martijn Elserman 和 Erik De Bruijn 在 Fablab 实验室相遇，他们原先各自研究 Reprap Darwin 有一段时间了，于是开始合作研发一款盒式 Reprap 3D 打印机，后来命名为 Ultimaker，并于 2011 年开始发售，如图 2-7 所示。Ultimaker 有更轻的身材、更快的速度，成为一款广受好评的 3D 打印机，影响力不亚于 MakeBot 系列。更难能可贵的是，他们继续走开源路线，而不像 MakeBot 因为商业利益而转向闭源。

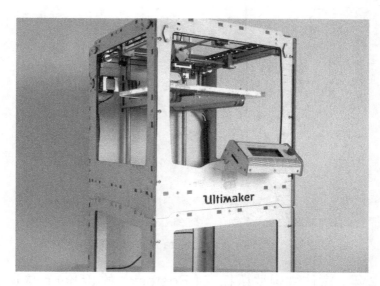

图 2-7　Ultimaker 3D 打印机

　　2013 年年底，阿德里安所在的 ReprapPro 公司发布了最新 Ormerod 3D 打印机，这款打印机以昆虫学家 Eleanor Anne Ormerod 命名。相比于 Reprap Mendel 和 Reprap Huxley，Ormerod 3D 打印机外观简洁，安装容易，支持红外测距，解决了复杂的 Z 平台调整问题，使用新的控制板包含网口并支持网络控制打印；成型体积达到 20cm×20cm×20cm，有不接触平台的红外调平功能，可以非常容易地替换加热头，适合不同的打印场景；可以升级挤出机和加热头，并最多支持三头打印。

　　还有一个重要的分支是三角式的 3D 打印机，受 Mendel 3D 打印机的影响，Helium Frog 想研制一种并联式 3D 打印机，他制作了初始的并联 3D 打印机原型并进行软硬件的验证，称其为 "Helium Frog Delta Robot"，设想把机器人式运动方式引入 Reprap 3D 打印机中，如图 2-8 所示。

图 2-8 Helium Frog Delta Robot 3D 打印机

2012 年，家住德国罗斯托克（Rostock）的 Johann 依据 Helium Frog 的设计研发了一款并联式 3D 打印机，并以家乡的名字命名这款 3D 打印机，称其为 Rostock，如图 2-9 所示。

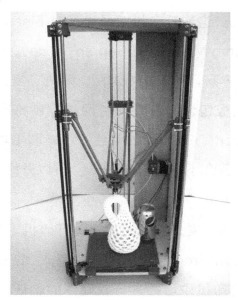

图 2-9 Rostock 3D 打印机

Johann 继续改进并联式 3D 打印机，同年发布了 Kossel 并联式

3D 打印机。这款打印机解决了 Rostock 机型同步带抖动的问题，精度更高，性能更好。经过了几代的改进，从最早的"Helium Frog Delta Robot""Rostock"逐步到最新最酷的 Kossel 3D 打印机。

2.1.2　工作原理

Reprap 3D 打印机的主要原理是采用熔融沉积成型法（FDM）工作的。FDM 的工艺特点在第 1 章中有所描述，原理如下：加热喷头在打印机的控制下，根据产品零件的截面轮廓信息做 X-Y 平面运动，热熔性丝状材料由送丝机构送至热熔喷头，并在喷头中加热和熔化成半液态，然后由喷嘴挤压出来，有选择性地涂覆在工作平台上，快速冷却后形成一层薄片轮廓。一层截面成型完成后工作台在 Z 方向下降一定高度，再进行下一层的熔覆，好像一层层"画出"截面轮廓，如此循环，最终形成三维产品工件，如图 2-10 所示。图 2-11 为 FDM 3D 打印机熔融沉积成型。

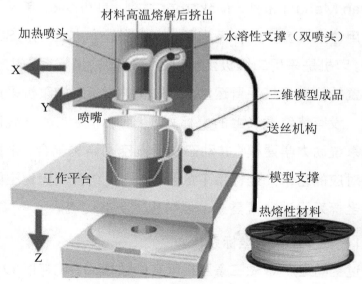

图 2-10　FDM 3D 打印机工作原理

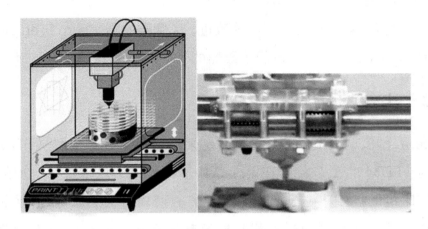

图 2-11　FDM 3D 打印机熔融沉积成型

2.1.3　数学坐标系

目前 3D 打印机都是基于数学坐标系来描述打印物体的位置,并把对应的坐标计算并转化成电信号来控制各部分电动机运动。例如 Reprap Mendel 系列、Makerbot 系列、Ultimaker 系列 3D 打印机都是采用笛卡儿直角坐标系记录打印物体空间位置的。SCARA 类型的 3D 打印机是采用二维极坐标系延伸的圆柱坐标系来描述打印物体空间位置并控制机械手臂运动。并联机构式 3D 打印机采用虚拟坐标系统,没有传统意义上的坐标轴, 通过非定长和非线性特征的复杂机械系统动力学建模,并动态进行多空间结构耦合,来描述打印物体与之对应的笛卡儿坐标系下的坐标。这种结合现代化空间建模技术的虚拟坐标系设计非常复杂,但结构上更有优势。

1. 笛卡儿直角坐标系

过空间定点 O 做三条互相垂直的数轴,它们都以 O 为原点,具有相同的单位长度。这三条数轴分别称为 x 轴(横轴)、y 轴(纵轴)、z

轴（竖轴），统称为坐标轴。坐标轴用来定义一个坐标系的一组直线或一组线；位于坐标轴上的点的位置由一个坐标值来唯一确定，而其他的坐标在此轴上的值是零。如图 2-12 所示，任何一个点 P 在坐标系的位置，可以用直角坐标来表达。只要从点 P 画一条垂直于 x 轴的直线，这条直线与 x 轴的相交点，就是点 P 的 x 轴坐标。同样，可以找到点 P 的 y 轴坐标和 z 轴坐标。这样，即可以得到点 P 的直角坐标。

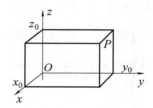

图 2-12　笛卡儿直角坐标系

2. 极坐标系

极坐标系（Polar Coordinates）是指在平面内由极点、极轴和极径组成的坐标系。在平面上取一点 O，称为极点。从 O 出发引一条射线 Ox，称为极轴。再取定一个长度单位，通常规定角度取逆时针方向为正。这样，平面上任一点 P 的位置就可以用线段 OP 的长度 ρ 以及从 Ox 到 OP 的角度 θ 来确定，有序数对（ρ，θ）就称为 P 点的极坐标，记为 P（ρ，θ），ρ 称为 P 点的极径，θ 称为 P 点的极角，如图 2-13 所示。

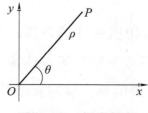

图 2-13　极坐标系

3．圆柱坐标系

圆柱坐标系是一种三维坐标系统。它是二维极坐标系往 *z* 轴的延伸。添加的第三个坐标专门用来表示 *P* 点离 *xy* 平面的高低。按照约定，径向距离、方位角、高度，分别标记为 ρ、ϕ、*z*。

如图 2-14 所示，*P* 点的圆柱坐标是（ρ，ϕ，*z*）。

ρ 是 *P* 点与 *z* 轴的垂直距离（相当于二维极坐标中的半径 *r*），ϕ 是线 *OP* 在 *xy* 面的投影线与正 *x* 轴之间的夹角（相当于二维极坐标中的 θ），*z* 与直角坐标的 *z* 等值，即 *P* 点距 *xy* 平面的距离。

简单地说，有这个对应关系：$x = \rho \cos \phi$，$y = \rho \sin \phi$，$z = z$，如图 2-14 所示。

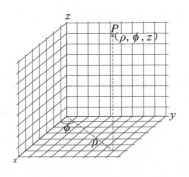

图 2-14　圆柱坐标系

2.2　选择机型

经过 Reprap 3D 打印机的快速发展，以及越来越多的衍生的 Reprap 3D 打印机，3D 打印爱好者可以选择 Reprap Prusa 最新系列的 3D 打印机，相比制作更简单，技术更成熟，稳定性更好。

如果想制作一款迷你型 3D 打印机,那就选择 Huxley 3D 打印机。

Huxley 的特点是使用更细的 M6 丝杠和 M3 螺钉（Mendel 使用 M8 丝杠和 M4 螺钉），打印件的数量只是 Mendel 系列的 1/3，所以复制自己的零部件会更快。

如果需要一台盒式的 3D 打印机，推荐使用基于 MakerBot 类型的 Ultimaker 3D 打印机。这款打印机拥有极高的打印速度和打印稳定度。

如果需要三角式并联臂的 3D 打印机，可以选择 Kossel Mini 3D 打印机。

最后，也可以根据喜好定制自己喜欢的 3D 打印机并和大家分享，例如机器人式的 SCARA⊖形式的 3D 打印机。SCARA 3D 打印机就是借鉴 SCARA 机器人臂的原理而开发的机器人臂 3D 打印机，如图 2-15 所示。

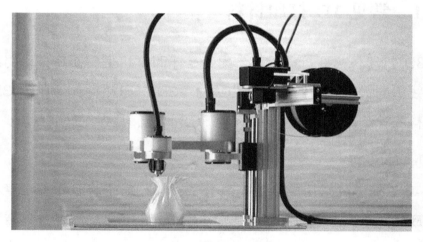

图 2-15　SCARA 机器人臂 3D 打印机

这就是开源 3D 打印机的奥妙之处，可以无限拓展想象力，将软

⊖ SCARA, Selective Compliance Assembly Robot Arm，选择顺应性装配机器手臂，是一种圆柱坐标型的特殊类型的工业机器人。

硬件开源的精神发展到极致。本书将采用 Reprap 3D 打印机的三种主要流行机型 Prusa i3、Kossel Mini 和 Ultimaker 2 进行组装，它们的特点是配件容易购买，更容易升级改进，大家可以轻松共享国内外的开源资料和进行组装经验的分享。

2.3　3D 打印材料选择

第 1 章中提到，3D 打印技术是材料科学等多种学科的交叉，制约 3D 打印机发展的不仅是自身价格和技术的原因，还有打印过程中所需要的材料。所以，解决 3D 打印材料的问题也是解决 3D 打印技术发展的一个重要因素。

2.3.1　常见 3D 打印材料

3D 打印机需要打印材料，尤其是 FDM 机型需要将打印材料制作成线状的材料，我们通常称为线材（3D 打印耗材）。时下，3D 打印材料的种类有很多，常见的有 ABS、PLA、尼龙（Nylon）。

1．ABS

ABS 是一种常用的热塑型高分子材料，质量轻，机械强度高，经常应用在模具注塑、挤出打印。ABS 一个明显的缺点是需要在高温环境下打印（通常挤出头温度要设定在 210～240℃），并且由于挤出材料的温度明显高于室温，热胀冷缩现象严重，打印丝极易变形、收缩。ABS 的软化温度在 100℃左右，所以不适合高温应用场合。另一个显著的缺点是在打印过程中会产生强烈的气味，需要在通风的环境下进行。

2．PLA

PLA 是一种新型生物降解材料，可以用植物（如玉米）淀粉制作而成，价格低廉、绿色环保、无毒，由于有良好的生物可降解性，使用后能被自然界中的微生物完全降解，最终生成二氧化碳和水，不污染环境，这对保护环境非常有利。PLA 要求打印温度低，通常可以在180～220℃ 打印，软化温度在 60℃ 左右。PLA 打印材料强度高、弹性小、不易变形，强外力作用下易破损。图 2-16 为 PLA。

图 2-16　PLA

我们很难单独从外观判断出 ABS 和 PLA，观察对比后发现，ABS 呈亚光，而 PLA 很光亮。如果加热到 195℃，PLA 可以顺畅挤出，ABS 则不可以；加热到 220℃，ABS 可以顺畅挤出，PLA 会出现鼓起的气泡，甚至出现炭化现象而堵住喷嘴。

3．尼龙

尼龙并不像 ABS、PLA 那样常用，但是在 SLS 类型 3D 打印机中使用广泛。尼龙打印件柔软耐磨，并且具有自润滑的特性，适合打印齿轮等部件。尼龙也有很多明显的缺点，相比 ABS、PLA 更黏稠，经常出现打印成堆的情况，且更易翘曲。打印尼龙时，需要注意尼龙一定要保持干燥，含水分的尼龙很容易堵住打印头。

4．其他材料

从其他成型技术方面考量，3D 打印材料还有很多。如：

（1）DLP/SLA 成型技术下的树脂材料　使用光敏树脂打印出来的物品，表面较为光滑、成型质量高，所以许多 DLP 机型被定位为珠宝级别。光敏树脂一般是液化状态，若长期不使用容易导致硬化，并且该材料具备一定的毒性，在不使用的状态下需要对其进行封闭保存。光敏树脂价格较贵，由于使用时需要将其倒进器皿内，所以容易导致浪费。图 2-17 为采用光敏树脂打印的模型。

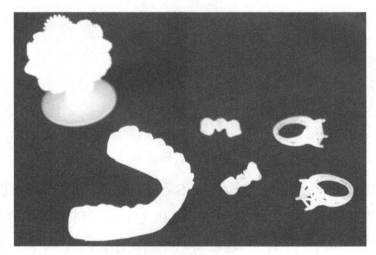

图 2-17　采用光敏树脂打印的模型

（2）金属　金属（如铝、铁、钢、银、金、钛等）一般用于工业级别的机型。就成型技术而言，选择性激光烧结技术（SLS）、直接金属激光烧结技术（DMLS）、电子束熔炼技术（EBM）都有相对应的金属材料。这些成型技术一般需要粒状物料进行成型，材料一般都为粉末。图 2-18 为采用金属打印的模型。

图 2–18　采用金属打印的模型

（3）陶瓷　陶瓷也是选择性激光烧结技术（SLS）所使用的打印材料。使用陶瓷可以制作各种颇富艺术气息的陶瓷制品，如瓷杯、瓷勺等。值得我们注意的是，同食品 3D 打印技术一样，如选择 FDM 陶瓷 3D 打印技术也需要后期烧制过程。

另外，还有各种性能的材料，如具有磁性的材料、可导电的材料、仿木质材料、弹性材料、类似混凝土的坚硬材料、用于生物 3D 打印的特殊材料等，这些材料适用于不同应用领域，展现其各自的特色。当然，在 3D 打印领域还有各种意想不到的材料（例如泥土），食用材料（例如巧克力），变色材料，沙子等。

能适应多种材料的 3D 打印机目前已经推出，如 Stratasys 在 2016 年新推出的 3D 打印机，在原彩色多材料 3D 打印机的基础上增加了更多功能，赋予用户更丰富的色彩及材料选择——超过 360000 种不同的色彩和多种材料特性，从刚性到柔性，从不透明到透明，应有尽有。

通过使用 Stratasys 多材料 3D 打印机，用户在打印某一件原型时，3D 打印机能一次性完整打印出全彩色、具备色彩纹理和多材料的模型，无须花费时间进行后期喷漆和装配。

在模型同一部位使用大量不同的色彩和材料，从而在成品上体现不同的材料属性，这不仅缩短了打印时间，而且能满足几乎任何应用需求的模型、原型及部件的制作要求，包括加工工具、模具、夹具与卡具等。图 2-19 为一次打印的彩色运动鞋。

图 2-19　一次打印的彩色运动鞋

2.3.2　材料的选择

材料选择的注意事项如下：

1）一般情况下，好的材料要求流动性好，但也要适中，流动性太好，打印时容易垂丝，造成成型产品缺陷；流动性太差，则打印时不出丝，或者断丝。选择适中的材料，层与层之间吻合度高，打印的层面也更漂亮。

2）每款 3D 打印机都有其专用的打印材料，使用的材料直径各不相同（常用材料直径为 1.75mm、3mm），而市场上出售的材料直径却大小不一，例如 1.75mm 规格的材料实际规格有 1.66mm、1.70mm 等。如果选择比打印机规格小的材料，放在打印机里容易出现打印不出丝、出丝不均匀、断丝的情况。

3）每个生产厂家生产的材料添加剂不同。材料中水分添加比例过大，打印出的模型外壁会出现积屑瘤，层层堆积挤压，影响模型外形。建议 3D 打印机只使用同一生产商的材料，不要频繁更换打印材料。

4）每款 3D 打印机尽量只打印一种材料，经常换用 ABS 和 PLA 或其他材料，容易造成堵头。

5）常见的质量差的、工艺不过关的材料有下列特征：（除线径）表面弯曲不直、拉伤、拉痕（白痕）、暗痕、气泡、灰尘等。

6）包装方面，现在大部分厂家喜欢用透明 PVC 胶缠绕膜，缠绕久了或者稍微加温，容易和材料混在一起，粘得很紧，很难分离，严重影响使用。

7）干燥剂：3D 打印材料包装里面需加干燥剂以防止回潮，有些材料也可以不使用干燥剂，使用真空包装，外面再加个封口袋足以放置很久。开封的材料一般可以在空气中暴露 3 个月，如果需要长期放置，请注意材料防潮。

2.4　准备工具

对 3D 打印的基本知识掌握后，我们进入 3D 打印机的组装工具准备阶段，所需工具分为五金工具和电子工具，有些是组装 3D 打印机所必需的，有些只是起辅助作用，可酌情选择。

2.4.1　五金工具

五金工具包括可调扳手、六角扳手（六角螺钉旋具）、一字螺钉旋具、十字螺钉旋具、斜口钳、尖嘴钳、镊子、锉刀、米尺、卡尺、外径千分表（非必要）、电动螺钉旋具（非必要）、台虎钳（非必要）、剪刀（非必要）、壁纸刀（非必要），如图 2-20 所示。

图 2-20 五金工具

2.4.2 电子及其相关工具

电子及其相关工具有万用表（主要用在调整电路板输出电压，检查电源输出以及确定步进电动机的接线）、电烙铁、焊锡、剥线钳、特氟龙胶带、特氟龙管、红外线测温仪（非必要）、热风枪（非必要）、热缩管（非必要）、压线钳（非必要），如图 2-21 所示。

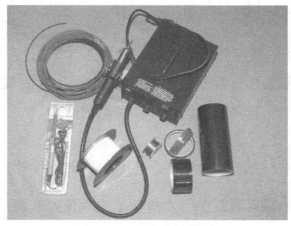

图 2-21 电子及相关工具

第 3 章　3D 打印机的硬件准备

Reprap 3D 打印机硬件主要由电子部分、机械部分和框架部分组成。电子部分包括电源、系统板、主板、步进电动机驱动板、温度控制板（如果采用热敏电阻测温则一般不使用温度控制板）、加热喷嘴、热电偶（或者热敏电阻）、加热床等；机械部分大部分采用步进电动机带动同步带的方式，有的使用滑台组成 X、Y、Z 轴，所以需要步进电动机、支架、同步带轮、同步带等。下面详细介绍 3D 打印机硬件组成部分和参数。

3.1　框架

Reprap 3D 打印机系列框架主要由常见的构件构成，其中螺纹丝杠标准件和 3D 打印塑料件的使用非常广泛，几乎所有的 Reprap 3D 打印机都使用了这些构件。

1. 盒子框架 3D 打印机系列

盒子框架 3D 打印机系列如 MakerBot、Ultimaker 3D 打印机，框架由激光切割的木板或者亚克力组成。这种结构要比早期由螺纹丝杠组装的 Reprap 系列孟德尔机型打印机更容易组装，调试和校准更简单准确，缺点是振动有些过大。最近很多厂商生产的这种类型的 3D 打印机大部分由一体成型的白钢或者铝合金框架组成，优点是结构更为稳定，振动更小；缺点是价格高，结构复杂，改造困难。图 3-1 所示为 MakerBot 盒子状框架。

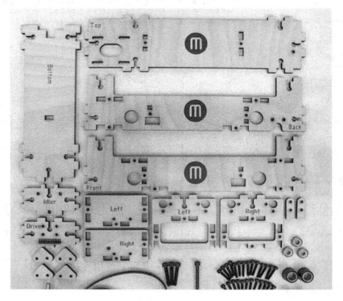

图 3-1　MakerBot 盒子状框架

2．三角稳定结构框架

本书第 5 章的组装实例 Prusa i3 的基础设计属三角稳定结构框架，其中大部分零件使用五金店出售的标准件。标准件既便宜又实用，是搭建个人桌面级 3D 打印机的不二之选。除了标准件之外，主要使用了两种定制零件，激光切割板材和 3D 打印塑料件。这些 3D 打印的塑料件主要做连接部分，并且其他材料也都可以轻松找到对应的原料商和加工厂。图 3-2 为 Prusa i3 亚克力框架，图 3-3 为 Prusa i3 3D 打印机框架和塑料连接件。

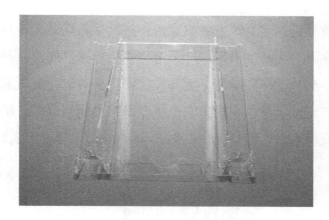

图 3–2　Prusa i3 亚克力框架

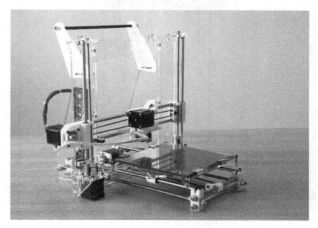

图 3–3　Prusa i3 3D 打印机框架和塑料连接件

3．三臂并联框架 3D 打印机系列

三臂并联框架 3D 打印机系列如 Rostock⊖3D 打印机，框架由铝型材或者木板构成，连接的塑料部件可以由爱好者自己的 3D 打印机打印而成。

本书组装实例 Kossel Mini 3D 打印机采用了国外进口铝型材和打印

⊖Rostock 为线性三角洲原型机，Kossel、Rostock Mini、Rostock Max、Rostock–Montpellier、Rostock Prisama、Delta–pi、Cerberus、Cherry Pi、ProStock 都是它的衍生机型，Kossel 也有很多衍生机型。

塑料件。三角形结构增加了框架稳定性，提高了打印速度，但是由于使用了 3D 打印件，结构刚性不足，打印过程中机器晃动严重，并且联动着打印头也晃动，影响了打印精度，尤其在打印小部件时。最近有铝合金连接件替代 3D 打印塑料件的解决方法，机器稳定性明显增强，缺点是铝合金连接件需要开模定做，价格昂贵。图 3-4 为 Kossel Mini 3D 打印机框架和连接件。

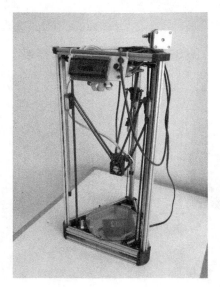

图 3-4　Kossel Mini 3D 打印机框架和连接件

4．Scara 3D 打印机系列

Scara 中文译名是选择顺应性装配机械手臂，是一种特殊类型的工业机器人。其结构最大的优势在于平面定位速度快，比普通的关节式机器人速度快数倍，定位精度高，轻便，响应快，非常适合进行装配作业，逐渐被应用到 3D 打印机中。Scara 3D 打印机具有打印精度高，易于拓展，可轻易设计出多功能模块化的工具头，一机多用的特点。例如，工具头可设计成具有放置/拾取、3D 打印、轻型铣削、涂

胶、探测以及机床辅助等功能。Scara 3D 打印机实际上更像是一种多功能的机器人，拥有各种各样的功能。但这种结构要求机械精密度高，甚至要达到工业级标准才能保证其精度，传动部分需要使用伺服电动机和谐波减速机才能保证其精度，使用的这些部件价格非常昂贵，DIY 爱好者难以承担。出于成本的考虑，DIY 爱好者们使用步进电动机和行星减速机或者 RV 减速机代替伺服电动机和谐波减速机，使用普通丝杠代替滚珠丝杠，甚至使用同步带代替谐波减速机，这种替代的方案往往使精度无法保证，打印效果很差，大大限制了这种机器的发展。图 3-5～图 3-7 为 Scara 3D 打印机和结构。

图 3-5　Scara 3D 打印机

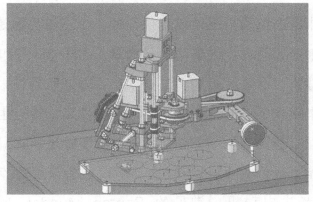

图 3-6　Scara 3D 打印机草图

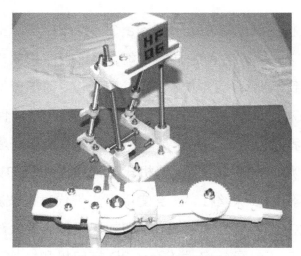

图 3-7　Scara 3D 打印机结构

基于以上特点，Reprap 系列 3D 打印机的优点在于制作简单，材料易于获得，价格比较低廉；明显的缺点是结构不稳定，振动大，调试和校准复杂，精度不能保证。

3.2　步进电动机

简单来说，步进电动机是通过电流脉冲来精确控制转动量的电动机，电流脉冲是由电动机驱动单元供给的。步进电动机是整个 3D 打印机的动力来源，因此步进电动机的质量，对于 3D 打印机的工作状态是非常关键的。不同厂商的步进电动机，质量差异很大。好的步进电动机，工作噪声小，发热量小，运行平滑稳定，转矩也足够大。对于集成 T 形丝杠步进电动机来说，T 形丝杠还要足够直。满足以上全部要求，才能算是好的步进电动机。3D 打印机常用的步进电动机类型为 42 型步进电动机，常见的 Reprap Mendel Prusa 系列、

MakerBot、Ultimaker、Kossel Mini 都使用了 42 型步进电动机。同样也有些 3D 打印机为了追求小型化而使用 37 型步进电动机（如 Huxley）。图 3-8 为不同型号的步进电动机。

图 3-8　不同型号的步进电动机

下面介绍步进电动机各项参数，以及选购中的注意事项。

1. 步进角

常见步进电动机的步进角为 1.8°，同样也有大步进角步进电动机，然而为了 3D 打印机打印得更精确，需要小的步进角，甚至使用 0.9° 步进角的步进电动机，打印更平稳，转矩更大，精度更高，缺点是最大转速降低了。

2. 级数

原则上 Reprap 3D 打印机单双级都能用，但大部分 3D 打印机都使用双极步进电动机。双极步进电动机内部有两组独立的线圈，每组线圈都需要单独的驱动电路。单极步进电动机同样也有两组线圈，而每组线圈中间多接出一根引线，这样就可以简单地改变每一组线圈的磁极方向，而双极步进电动机只能靠驱动电路改变电流的方向来改变磁极方向，所以单极步进电动机驱动电路相对简单，但单级步进电动机只使用了一半的线圈，在同等体积的情况下没有双极步进电动机转矩大。单极步进电动机大部分有5根或6根引线，而双极步进电动机有4根或8根引线。

3．细分

步进电动机都有固定的步进角，通过给每组线圈发送正弦波或者余弦波增加步进电动机步数，从而使每步的步进角减小，提高了步进电动机的精度和驱动频率，降低了振动，但是却减小了电动机的转矩。当步进电动机驱动大负载，大摩擦力，或者高速往复运动，细分数高于二分之一步进角时，就不能提高步进电动机的定位精度，而在小负载时却能很好地提高定位精度。

4．步进电动机保持转矩

虽然步进电动机并不像直流减速电动机、直流伺服电动机那样可以提供大转矩和保持力矩，却可以简单精确地控制移动距离。直流减速电动机、直流伺服电动机实现精确地控制移动距离需要复杂的闭环控制系统和驱动电路。最早设计的 Mendel 3D 打印机需要 X、Y、Z轴步进电动机 13.7N·cm 的保持转矩来避免转矩不足产生的丢步问题。最近越来越多的成功案例使用更小转矩的步进电动机，一般这种3D 打印机设计得会更精密，摩擦力更小。甚至很多开源设计的 3D 打印机并不要求步进电动机的保持转矩。在 3D 打印机设计中，保持转矩一定是越大越可靠，但同样也增加了 3D 打印机重量和体积。

5．尺寸

3D 打印机使用的步进电动机尺寸大多是 42 型步进电动机（宽

和高均为 42mm），步进电动机的长度代表其功率和转矩大小，长度越长其功率、转矩越大。常见的长度为 37mm、40mm、47mm。有些 3D 打印机也使用了 37 型步进电动机（宽和高均为 37mm），相比 42 型步进电动机更轻便、简洁。但 37 型步进电动机通常需要以极限转矩运行，增加了步进电动机的表面温度，甚至发烫。

6. 接线

Reprap 系列 3D 打印机控制板一般适用 4 线、6 线、8 线步进电动机，而 5 线步进电动机并不支持。步进电动机接线时需要按照步进电动机说明书接线，但是很多厂家并不提供详细的说明书，这时我们需要使用万用表进行测量。

4 线步进电动机有两组线圈，每组都有两根引线，使用万用表测量任意两根引线，连通的为同一线圈，找到两组线圈接入步进电动机驱动，如果发现步进电动机行进方向相反，可以任意调换同一线圈的两根引线。另一种方法是把步进电动机任意两根引线短接，转动出轴，转动困难的两根引线就为同一线圈。

6 线步进电动机同样有两组线圈，而每一组线圈中间多接一根引线，使用万用表测量任意两根线之间的电阻，找到电阻最大的两组接入步进电动机驱动。

8 线步进电动机拥有 A、B 两相，4 组线圈（A 相两组线圈，B 相两组线圈），用万用表测量 8 根引线之间的电阻找到四组线圈引线，任意两组线圈接入步进电动机驱动，如果步进电动机可以正常运转，代表两组线圈不在同一相上；如果步进电动机不能转动，证明这两组线圈属于同相线圈。接下来将剩下两组线圈任意一组串联到 A 相线圈，如果步进电动机转动，证明为 A 相另一组线圈；如果步进电动机不转动，将这组线圈正负对调后再试一次；如果步进电动机还不转动，证明此组为 B 相另一组线圈，同样用上面的方法找到最后一组极性。

6 线步进电动机也可以看作 4 组线圈，每相的两组线圈各一根引线接到一起，使用时可以单独使用不同相的两组线圈，也可以把两组线圈分别串联使用。8 线步进电动机中可以把两相四线线圈中每相任意一组线圈单独使用，也可以把每一相线圈并联或者串联使用。两相线圈分别串联时（低速接法），每相的总电阻增加，发热减小，在低速运动时，电动机转矩增大，但由于串联使得每相电感较高，转速升高时力矩下降很快，电动机高速性能不好，这种接法需要调节驱动器驱动电流为电动机相电流的 70%。两相线圈分别并联时（高速接法），每相的总电阻减少，电感减小，转速升高，力矩下降较弱，电动机高速性能好，而低速转矩却降低了很多，这种接法需要调节驱动器驱动电流为电动机相电流的 1.4 倍，因而发热较大。

7. 温度

步进电动机温度过高会使电动机的磁性材料退磁，从而导致力矩下降乃至失步。一般磁性材料退磁点都在 130℃ 以上，有的甚至达到 200℃ 以上，所以步进电动机外面温度在 80～90℃ 完全正常。但是，很多 3D 打印机的电动机座材料是 PLA 或者 ABS，PLA 在 60℃ 左右就会软化变形，而 ABS 在 110℃ 开始软化，所以使用 PLA、ABS 作为固定电动机座材料时，步进电动机的温度一定不能超过材料的软化温度。当步进电动机温度过高时，可以在步进电动机表面增加风扇主动散热，也可以降低步进电动机的功率来降低温度。根据公式 $P=I^2R$ 可以看出，只需要降低一点电流，功率却降低了很多，而保持转矩仍可以保证，比如电流降低到原来的 80%，转矩同样会降低到了 80%，而功率会降低到原来的 64%（$0.8^2=0.64$）。

8．功率和电流

由于 3D 打印机步进电动机采用限流驱动方式，理论上可以不考虑步进电动机的内阻，但是往往步进电动机的内阻和电感会一起作用，电阻大，电感就大，阻碍了电流的变化，启动频率下降，电动机动态性能不好。所以本书中组装的 3D 打印机一般选择电压在 3～5V、电流在 1～1.5A 的步进电动机，此区间的电动机通常可以达到最佳性能。

3.3　步进电动机驱动器

3D 打印机使用的步进电动机驱动器可以分为三种类型。第一种类型为独立的驱动板，比如 Reprap 主控板、MakerBot 主控板，它们需要插接单独的驱动电路板。这些独立驱动板的驱动芯片使用 Allegro A3982，驱动电流可以达到 2A，早期这类驱动板使用两片 L297/L298 驱动芯片。相比最新的驱动芯片，早期的驱动芯片价格昂贵，散热性能不好。早期有些挤出机也会使用独立的直流电动机驱动板（H 桥电路），这种驱动器大多不具备过电流、过温、短路保护功能，使用这些电路板一定注意不能把电流（PWM）调得太高，尤其使用小电阻步进电动机时，可能会同时烧毁步进电动机和驱动电路板。图 3-9 为 L297 驱动芯片。

第二种类型为主板可插拔类型的驱动模块，可以直接插接到

Sanguinololu、Ramps、Gen7 系列的主板上，经常会使用 Allegro A4983/A4988 QFN 封装的驱动芯片，一般可以提供 1～1.5A 的驱动电流，最高支持 16 细分驱动模式。目前使用 TI DRV8825 驱动芯片的驱动模块渐渐流行起来，可以提供峰值 2.5A、持续 1.75A 的输出电流（良好散热情况下），支持 32 细分驱动模式，采用 TSSOP 封装散热性能更好（电流低于 1.5A 情况下不需要使用散热片），并且可以和 A4988 驱动模块共同使用。图 3-10 为 A4988、DRV8825 驱动芯片。

图 3-9　L297 驱动芯片

图 3-10　A4988、DRV8825 驱动芯片

　　第三种类型为集成式驱动模块，大部分使用 Allegro A4988 /
A4982 驱动芯片，典型代表是最新的 Reprap Melzi 2.0 电路板使用
了 A4982 芯片。早期比较常用的电路板 Melzi 2.0 1284P、Melzi
Ardentissimo 1.0 使用了 A4988 芯片。相比最新电路板集成的 A4982
具有更多优点，具备低电流自动休眠功能，采用 TSSOP 封装，散热
性能更好，并且大部分情况不需要加装散热片。图 3-11 为 Melzi
Ardentissimo 和 Melzi 2.0 驱动芯片。

图 3-11　Melzi Ardentissimo 和 Melzi 2.0 驱动芯片

　　步进电动机驱动器电流调节：在使用步进电动机驱动器时，爱好
者往往会自行调节步进电动机的驱动电流。比步进电动机额定大的驱
动电流很容易烧毁电动机驱动芯片，甚至烧毁步进电动机。每种类型
的驱动芯片一般都需要连接一个可调电位器给驱动芯片提供一个参
考电压（U_{ref}），并且驱动芯片还需要连接两个感应电阻 R_s（驱动芯片
内部集成两组 H 桥电路）。输出电流（$I\_TripMax$）就是根据参考电压
和感应电阻来计算的，比如 A4988、A4982 芯片 $I\_TripMax=U_{ref}/$
（$8R_s$），DRV8825 驱动芯片 $I\_TripMax=U_{ref}/$（$5R_s$）。其中，U_{ref} 可以
用万用表测量可调电位器外壳的对地电压；R_s 电阻在驱动电路板上也

非常容易找到，大多由两个挨着的阻值为 0.05Ω、0.1Ω 或者 0.2Ω 的电阻组成。更多驱动芯片的电流计算方法请查找芯片厂商提供的数据手册（Datasheet）。

3.4 传动部件

组装 3D 打印机的传动部件包括同步带、同步带轮、丝杠、联轴器和减速机。

1. 同步带、同步带轮

3D 打印机中 X 轴、Y 轴几乎都使用同步带移动挤出机。常见 3D 打印机的同步带宽度都为 5mm、6mm，齿与齿间的距离在 2~5mm，齿形有 T 形齿和圆弧齿。同步带轮一般和同步带配套使用。图 3-12 为组装 3D 打印机的传动部件。

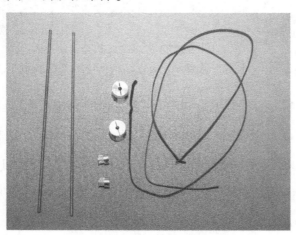

图 3-12　组装 3D 打印机的传动部件

下面介绍常用的同步带和同步带轮。

T5：早期 3D 打印机常用的同步带，齿距为 5mm，尤其 Reprap 3D 打印机具有自我复制的特点，同步带轮也可使用 3D 打印机打印出来。很多测试证明，齿距为 5mm 的同步带轮是最容易打印的，所以当时 Reprap 3D 打印机大多都使用 T5 同步带。

T2.5：随着 3D 打印技术的发展，对 3D 打印机定位精度的要求更高，逐渐开始使用 T2.5（齿距 2.5mm）同步带和 CNC 铝制同步带轮，相比以前的 T5 同步带精度有很大的提升。

XL 和 MXL：一批商业性 3D 打印公司为了提升 3D 打印机的定位精度，开始使用工业级的同步带，即 XL 或者 MXL 同步带。XL 同步带齿距为 5.08mm，MXL 同步带齿距为 2.032mm。XL、MXL 同步带齿形都为圆弧形，相比 T 形同步带，同步带和带轮间的间隙更小，精度更高。

GT2，HTD–3M：很多 3D 打印机爱好者使用 GT2 同步带升级他们的 3D 打印机，也有很多工业级的 3D 打印机生产商（比如 3D system 公司）使用 GT2 同步带。这种同步带专门为直线运动设计，圆弧齿形，往复运动回差很小（几乎没有），需要使用专用的同步带轮，成本高，并且只有美国盖茨（GATES）、日本优霓塔（UNITTA）两家生产，同时这种同步带也是这两家厂商的专利产品。HTD–3M 在爱好者中并不常使用，但很多的 3D 打印机生产商会选择这种同步带，精度非常高。本书中使用的为 UNITTA GT2 型同步带。

最后，选择同步带轮时需要注意同步带轮的齿数，齿数多的步进电动机运动的分辨率高，但挤出轮直径增大，转矩下降，适合高转速运动。同步带轮齿数少，步进电动机运动的分辨率虽然低些，但挤出轮直径减小，转矩增大，适合低速运动。

2. 普通丝杠，T 形丝杠，滚珠丝杠

T 形丝杠一般在商业 3D 打印机中大量应用，特点是精度有保障，

价格低廉，Z 轴一致性好，但是这种类型的丝杠也避免不了左右晃动。滚珠丝杠一般用在工业级 3D 打印机上，优点是精度高，一致性好，运动过程中不存在晃动的情况；缺点是价格昂贵，一个高精度、长度为 200mm 的滚珠丝杠都要在 300 元以上。

DIY 3D 打印机中经常使用普通丝杠，几乎 Reprap 3D 打印机都使用了普通丝杠连接框架主体，尤其是 8mm 直径的不锈钢丝杠。3D 打印机中，普通丝杠也被用来控制 Z 轴的升降，最早的 Mendel 3D 打印机就使用了 8mm 不锈钢普通丝杠，新一代的 Prusa 系列打印机使用 5mm 的不锈钢普通丝杠。普通丝杠最大的优点是价格非常便宜，五金标准件市场上都能找到，不需要专用螺母（普通 M5、M8 螺母即可），但是往往晃动较大，精度不一致。本书中组装的 3D 打印机也采用普通丝杠传动方式。

3. 行星减速机

行星减速机是一种传动机构，其结构由一个内齿环紧密结合于齿箱壳体上，环齿中心有一个自外部动力所驱动的太阳齿轮，介于两者之间有一组由三颗齿轮等分组合于托盘上的行星齿轮组，该组行星齿轮依靠出力轴、内齿环及太阳齿支撑；当入力侧动力驱动太阳齿时，可带动行星齿轮自转，并按着内齿环的轨迹沿着中心公转，行星旋转带动连结托盘的出力轴并输出动力。利用齿轮的速度转换器，将电动机（马达）的回转数减速到所要的回转数，并得到较大转矩。

行星减速机在 3D 打印机中主要用于增加挤出机的转矩，使 3D 打印机挤出机可以驱动更粗更费力的耗材。在挤出机中增加行星减速器可明显改善挤出机的驱动力。行星减速机在 Scara 类 3D 打印机中广泛应用，驱动各部分轴运动。图 3-13 为行星减速机。

图 3-13　行星减速机

4．谐波减速机

谐波减速机是利用行星齿轮传动原理发展起来的一种新型减速器。谐波齿轮传动是依靠柔性零件产生弹性机械波来传递动力和运动的一种行星齿轮传动。谐波减速机由固定的内齿刚轮、柔轮和使柔轮发生径向变形的波发生器组成，具有高精度、高承载力等优点，和行星减速机相比，使用的材料减少 50%，其体积及质量至少减少 1/3，并且拥有很多特点：

1）结构简单，体积小，质量轻。

2）传动比范围大。

3）承载能力大。

4）运动精度高。

5）运动平稳。

6）传动效率高。

7）可实现高增速运动。

谐波减速机主要应用于 Scara 类 3D 打印机中，按角度控制各轴运动，精度很高，优点多，但价格昂贵。图 3-14 为谐波减速机。

图 3-14　谐波减速机

3.5　限位开关

　　限位开关是用来限定机械设备运动极限位置的电气开关。其原理是利用机械运动部件的碰撞使其触头动作来实现接通或断开控制电路。限位开关被用于限制机械运动的位置或者行程,使运动机械按一定位置或行程自动停止、反向运动、自动往返运动等。常见的限位开关有接触式和非接触式。接触式限位开关通常由机械式限位开关构成,运动部件碰撞到机械触头上。非接触式限位开关常见的有光电式限位开关和霍尔式限位开关。这三种限位开关在 3D 打印机中应用广泛。

1.机械式限位开关

　　当运动部件接近机械式限位开关时,开关的连杆驱动开关的接点引起闭合的接点分断或者断开的接点闭合。机械式限位开关通常由常开接点（NO）、常闭接点（NC）和公共接点（C）3 个接点组成。实际使用中根据需要来选择常开和常闭接点。图 3-15 为机械式限位开关。

图 3-15　机械式限位开关

2. 光电式限位开关

光电式限位开关也称为光电接近开关，它是利用被检测物对光束的遮挡或反射，由同步回路选通电路，从而检测物体的有无。物体不限于金属，所有能反射光线的物体均可以被检测。光电式限位开关将输入电流在发射器上转换为光信号射出，接收器再根据接收到的光线的强弱或有无对目标物体进行探测。光电式限位开关具有体积小、功能多、寿命长、精度高、响应速度快、检测距离远以及抗光、电、磁干扰能力强的优点。图 3-16 为光电式限位开关。

图 3-16　光电式限位开关

3．霍尔式限位开关

霍尔式限位开关也称为霍尔接近开关。其原理是当一块通有电流的金属或半导体薄片垂直地放在磁场中时，薄片的两端就会产生电位差，这种现象就称为霍尔效应。当磁性物件移近霍尔开关时，开关检测面上的霍尔元件因产生霍尔效应而使开关内部电路状态发生变化，由此识别附近有磁性物体存在，进而控制开关的通或断。这种接近开关的检测对象必须是磁性物体。在 3D 打印机中通常将运动物体装上一块强磁铁来触发霍尔开关。霍尔开关具有无触电、低功耗、长使用寿命、响应频率高等特点，内部采用环氧树脂封灌成一体化，所以能在各类恶劣环境下可靠工作。图 3-17 为霍尔式限位开关。

图 3-17　霍尔式限位开关

3.6　挤出部件

1．近端挤出机

早期 MakerBot 3D 打印机最常用的是近端挤出机，并有大量的改造版本，原理大都为轴承和挤出齿之间通过弹簧弹力夹紧打印耗材丝。3D 打印机只打印一种材料时，使用近端挤出机最为合适、高效。

韦德挤出机（Wade's Geared Extruder）在爱好者间最为流行，其显著优点是价格实惠（不需要使用昂贵的齿轮件）、组装简便、挤出速度快、PTFE 管方便固定、不需要大转矩电动机。图 3-18 为本书组装实例 Prusa i3 采用的近端挤出机。

图 3-18　本书组装实例 Prusa i3 采用的近端挤出机

2．远端挤出机

Bowden 挤出机在三角洲（三臂并联）机器中普遍使用，它使用减速步进电动机直接驱动挤出齿轮，远程送料送丝，电动机靠近料盘，所以送丝会更流畅一些；它的结构减轻了打印头的质量，所以打印头运动更平稳，速度也更快。图 3-19 为本书组装实例 Kossel Mini 采用的远端挤出机。

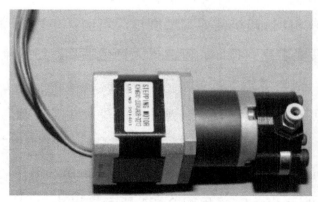

图 3-19　本书组装实例 Kossel Mini 采用的远端挤出机

3．热熔挤出头

3D 打印机中热熔挤出头是重要部件之一，使用最广泛的一种是分体挤出头，另一种是一体化挤出头。还有一种 E3D 挤出头在 3D 打印机 DIY 爱好者中非常流行。

MakerBot 所使用的热熔挤出头就是分体挤出头，挤出头最前端可更换不同尺寸的（直径为 0.3mm、0.4mm、0.5mm）打印喷嘴。

一体化挤出头最常见的是 J–Head 挤出头，其设计合理，安装简便，可靠性高。J–Head 挤出头（图 3–20）在爱好者中使用最为广泛，包括网络出售的个人制作的 3D 打印机或者一些 3D 打印机生产商都使用此种型号的挤出头或者其改进版本。J–Head 挤出头大体分为 3 部分，最底端为铝制喷嘴、连接部件（材料为 PEEK），内部为 PTFE 管（贯穿喷嘴和连接部件）。其中，连接部件通常加工成孔状，更利于散热。PEEK 可以耐温至 340℃，并拥有高强度的力学性能，隔热性能优异。选购时，注意选择纯黑色的 PEEK（PEEK 中添加墨纤材料）而不是灰黑色的 PEEK。纯黑色的 PEEK 耐温更高，隔热和力学性能更好。铝制喷嘴可以选择喷嘴直径为 0.3mm、0.4mm、0.5mm，如果 3D 打印机需要高精度打印可选择小直径喷嘴；如果不追求精度，只要求高速打印，可选择大直径喷嘴；如果兼顾打印速度和打印质量，则需要折中选择。PTFE 管贯通设计可防止打印材料泄漏，挤出和回退材料更显著。需要注意的是，底端喷嘴内部大多加工成锥形结构，使用 PTFE 管时底端也需要切削成锥形，使其彼此匹配。本书中 Prusa i3 和 Kossel mini 3D 打印机均采用了图 3–20 所示一体化挤出头。Ultimaker 2 采用图 3–21 所示挤出头。

图 3-20　J-Head 挤出头

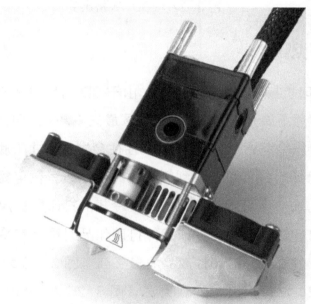

图 3-21　Ultimaker 2 挤出头

　　E3D 挤出头从第一代 E3D V1 到 E3D V6 设计上不断改进和革新，充分利用挤出丝材料的特性，最优化的温度控制，并不断扩大挤出头内部空间，同时间挤出量得到最大的提高，在保证打印质量的前提下，最大限度地提高打印喷头的出丝速度。此挤出头加工简单，全部使用铝合金材料，散热性能更好，价格相对低廉，性能优异，使用广泛。图 3-22 为 E3D V6 挤出头。

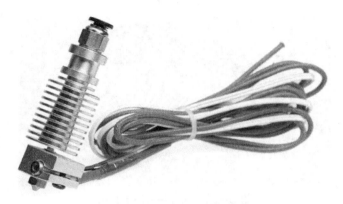

图 3-22　E3D V6 挤出头

3.7　加热床

3D 打印机打印时需要加热床。由于 3D 打印机在打印过程中，随着打印进程逐渐展开，打印件的最底层最先冷却，打印件冷却产生微弱的收缩（热胀冷缩原理），这种情况往往会发生翘曲（底层收缩比上层快），所以打印时经常可以看到打印件的某边或者棱角离开打印床后会翘起。使用加热床可以让最开始将要冷却的打印层保温，延缓其收缩速度，等打印进程完毕，形成整体打印作品时再让其冷却，这样可使打印件一致性更好，打印件成品质量更高。图 3-23 为 Prusa i3 加热床，图 3-24 为 Kossel Mini 加热床，图 3-25 为 Ultimaker 2 加热床。

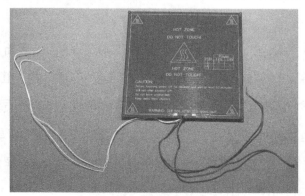

图 3-23　Prusa i3 加热床

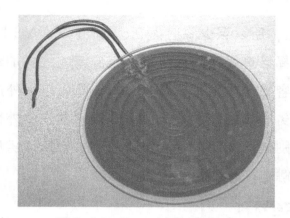

图 3-24　Kossel Mini 加热床

图 3-25　Ultimaker 2 加热床

1. 隔离材料

在加热过程中，加热床中心温度要高于四边温度（四边相比中心散热更快），所以打印时经常出现加热床四边发生翘曲，加热床温度高也容易使底面塑料打印件软化变形。隔离加热床底部温度不但可以使温度分布均匀（底部四边散热慢），还可以防止软化加热床底面的塑料打印件。隔热材料一般使用硬纸板、羊毛、棉布覆盖的中密度纤维板，也可以直接使用木板或三合板隔离加热床底部温度。

2. 加热床电线

加热床中加热原件的工作电流在 6～10A，加热床连线需要承受

6～10A 的电流，所以至少要选择 0.5mm^2（20AWG）以上的线材，生活中可以选择接灯线、摩托车线、粗的音响线。加热床和电线连接部位的电线容易融化发生短路，可以在每根电线外层使用特氟龙管绝缘隔离。劣质电线经过大电流时非常容易发生外部线皮融化，甚至燃烧。特别是一些使用 220V 电压的加热床，劣质电线很容易发生火灾或者触电，这要格外注意。

3．打印平台材料

1）玻璃：3D 打印机打印平台材料经常使用玻璃，常见的是用 3mm 厚的普通玻璃板作为打印平台。玻璃在建筑商店、五金商店都可以轻松买到，价格便宜，并可以让商店的师傅帮忙切割成需要的大小，不易变形弯曲，导热系数小。但是玻璃的加热温度比较难预测，加热不均匀时易碎裂，需要专业工具切割，在平台移动时易振动。使用时，普通玻璃大多配合铝板使用，这样会使玻璃温度分布更均匀；并且使用时注意玻璃面积尽量小于或等于加热区域面积，避免加热玻璃温度不均匀而碎裂。使用普通玻璃时，加热温度控制在 80～100℃；相比而言高硼硅玻璃更安全些，其加热温度可达 200℃，并且强度更高，但价格比较贵；如果需要更高的加热温度，可以考虑烤箱、微波炉所使用的安全玻璃。

2）陶瓷玻璃：国外的一些 3D 打印厂商使用陶瓷玻璃作为打印平台材料，这种新型材料避免了加热不均匀时碎裂的问题，并且切割和钻孔更容易（不易碎）。使用时需要注意，这种新型陶瓷玻璃的比热容比玻璃低得多，导热迅速，应避免过快速的加热。

3）金属：铝板、铜板、钢板经常作为 3D 打印机打印平台材料。铝板的优点是比热容、热传导都相对较高，温度分布更均匀；缺点是易变形，加热时膨胀系数大。而铜板、钢板比热容比铝板要高得多，加热或降温都需要更长时间，保温效果更好。

4．加热材料

1）镍铬合金丝：3D 打印机刚刚兴起时，爱好者普遍寻找最简单、最有效的方法来实现各种功能。在那个阶段，爱好者在木板上一行行固定镍铬合金丝，并在合金丝的外层贴上聚酰亚胺胶带来实现加热床的功能，并可以达到基本满意的效果。使用镍铬合金丝需要自行计算长度所对应的电阻，以及在电路中工作的电流（注意电流过大会烧坏电路中的 MOS 元件）。镍铬合金丝的特点是经济实惠，但操作起来需要一定的动手能力，需要了解欧姆定律的相关知识，加热不够均匀。

2）PCB 加热板：随着 3D 打印机的发展，开源社区渐渐流行 PCB 加热板作为加热床的加热材料。PCB 加热板价格低廉，加热均匀，最常见的型号是 MK2A、MK2B。Mendel 系列 3D 打印机大多使用 MK 系列 PCB 加热板，在网络上出售的 DIY 3D 打印机也使用 PCB 加热板，并且网络上很多 3D 打印机商家出售 MK 系列的 PCB 加热板，可以看出 PCB 加热板使用广泛。在选购时需要注意，PCB 加热板最好使用 1oz$^{\ominus}$（大约 35μm 厚度）的铜箔或者镀金铜箔，并且 PCB 加热板的铜箔薄厚应尽量均匀，才能达到最好的加热效果（有些商家生产的 PCB 加热板使用铝箔，薄厚不均，加热缓慢，甚至不能达到要求温度）；使用 PCB 加热板还需要注意使用的电源能提供 10A 以上的电流。

最近 MK3 加热板使用越来越广泛，常见的商用桌面 3D 打印机大都使用这种结构的加热板。MK3 加热板集成了一块 3.2mm 的铝板，

　$\ominus$　1oz=28.3495g。

打印件可以直接打印到铝板上，相对传统 PCB 加热板和玻璃组合式的加热方式更轻，打印速度更快。MK3 加热板采用 12V、24V 双电源设计，这样设计的好处是不仅兼容以往 12V 为主电源的 PCB 加热板，而且适用 24V 电源，由于电压提高了一倍而电流减少了一半，电线发热更小，并且可以使用更细的电线替换以往粗壮的电线，更有利于加热床的高速移动。这种集成铝板式的加热板加热迅速，24V 电源下温度加热到 100℃只需 2min。最大加热温度更高，最高可达 180℃。MK3 加热板提供了三孔和四孔的固定方式。三孔固定方式相对于四孔固定方式更容易调节打印平台水平。现在 MK3 加热板在 DIY 爱好者中最受欢迎，逐渐取代了 PCB 加热板和玻璃的组合形式。图 3-26 所示为 MK3 加热板。

图 3-26　MK3 加热板

5．硅胶加热垫

现在越来越多商业型 3D 打印机使用硅胶加热垫加热。硅胶加热垫的特点是加热迅速，可以达到很高的温度，可靠性好，易于安装，但价格相对昂贵。使用硅胶加热垫加热时，需要注意加热床温度探头不能离开加热垫，因为如果检测不到温度，加热床会一直加热，造成加热床的温度特别高。

6. 聚酰亚胺加热薄膜

聚酰亚胺加热薄膜非常薄，性能与硅胶加热垫几乎一致，适合轻薄设计场合，其发热效率明显优于 PCB 加热板，大大缩短了加热时间，但是价格高昂。

7. 半导体制冷片

半导体制冷片一面制冷，另一面散热。爱好者使用半导体制冷片散热的一面贴到铝板上起到加热的作用，这种设计极具创新力，并且有成功的实现案例。编者并未尝试这种加热方法，利弊还需大家自行测试，鼓励大家尝试类似的创新想法。

8. 加热电子电路

1）MOS 驱动电路：3D 打印机控制板大都集成了 MOS 驱动电路，可以同时加热挤出头和加热床。通过热敏电阻检测加热头或加热床的温度，软件根据检测的温度调节通过加热床电流的大小（调节加热床的加热幅度），这样就可以自动调节加热床的加热温度大小并使加热床保持在一定温度范围内。MOS 驱动电路电路复杂，需要软件配合使用，并需要电路板输出 PWM 信号传入 MOS 驱动电路。

2）金属温度开关：3D 打印机加热床大多需要保持在恒定的温度（ABS 为 110℃，PLA 为 50℃），一种简单、低廉的解决方法是使用金属温度开关，这种开关达到标示的规格温度时就会停止加热，低于此温度时就会触发加热开关（常闭型）。金属温度开关只要几元一个，并有大量温度规格可选，电热水壶使用的就是这种开关；其连接电路极其简单，只需把金属温度开关和加热床串联接入电源，并把金属温度开关安装到加热材料上（需要测量加热材料的温度）即可。

3.8 FSR 压力传感器

FSR（Force Sensing Resistor）是著名 Interlink Electronics 公司生产的一款质量轻、体积小、感测精度高、超薄型电阻式压力传感器（图 3-27）。这款压力传感器是将施加在 FSR 传感器薄膜区域的压力转换成电阻值的变化，从而获得压力信息。压力越大，电阻越低。本书中组装的 Kossel Mini 3D 打印机用 FSR 来调平加热平台。

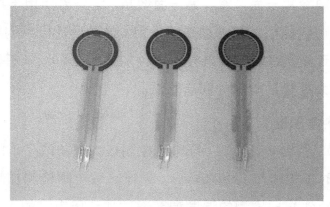

图 3-27　FSR 压力传感器

3.9 温度传感器

在 3D 打印机中，温度传感器用来测量挤出头的温度和加热床的温度。大部分 3D 打印机的温度传感器都使用热敏电阻元件，也有少数使用热电偶元件。一款高品质的热敏电阻可以在测量范围内精确地测量温度所对应的阻值，并且可以预测温度的变化。热敏电阻阻值随着温度变化而变化，一种随着温度的升高，阻值降低（NTC）；另一种随着温度升高，阻值升高（PTC）。这种变化在实际应用中并不是线性的，所以测量精准的温度需要根据厂商提供的温度和阻值对应表，而不是根据温度阻值曲线公式计算。图 3-28 所示为热敏电阻。

图 3-28　热敏电阻

热敏电阻测温原理：3D 打印机中通过模-数转换器（ADC）测量热敏电阻一端的电压而间接测量出热敏电阻的阻值，然后通过热敏电阻的阻值查表（温度和阻值对应表）找到对应的温度。在实际电路中，是把热敏电阻（R_x）串联一固定阻值的热敏电阻（R_2），两端连接 5V 电源（U_{cc}），模-数转换器（ADC）测量两电阻的中间电压（U_{out}）。模-数转换器（ADC）把测量的电压（U_{out}）除以 5V 参考电压（U_{ref}）乘以模-数转换器（ADC）的分辨率（大部分 3D 打印机模-数转换器都为 10bit，0～1023），得到模-数转换器（ADC）对应的数值（ADC_count）。对应公式如下：

ADC_count=$1024U_{out}/U_{ref}=1024R_x/（R_2+R_x）$

常见的热敏电阻型号：EPCOS 100K、RRRF 100K、Honeywell 100K、Honeywell 500K、ATC Semitec 104GT-2、PT100、PT1000。

热电偶测温原理：热电偶测温的基本原理是两种不同成分的材质导体组成闭合回路，当两端存在温度梯度时，回路中就会有电流通过，此时两端之间就存在热电动势，这就是所谓的塞贝克效应。两种不同成分的均质导体为热电极，温度较高的一端为工作端，温度较低的一端为自由端，自由端通常处于某个恒定的温度下。根据热电动势与温度的函数关系,制成热电偶分度表;分度表是自由端温度在 0℃时得到的，不同的热电偶具有不同的分度表。在热电偶回路中接入第三种金属材料时，只要该材料两个接点的温度相同，热电偶所产生的热电势将保持不变，即不受第三种金属接入回路的影响。因此，在热电偶测温时，可接入测量仪表，测得热电动势后，即可知被测介质的温度。

3.10 电源

大部分 3D 打印机都使用 12V 直流电源，电流在 5～30A。3D 打印机中步进电动机和挤出头电流在 5A 左右，加热床大多在 5～15A。一台标准配置的 3D 打印机总电流大约在 18～30A，功率大约为360W（12V 电压）。图 3-29 为 3D 打印机的电源。

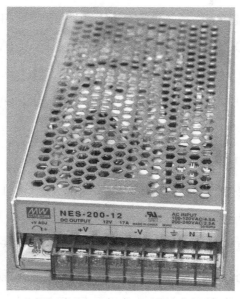

图 3-29 3D 打印机的电源

下面介绍 3D 打印机使用的开关电源种类。

1．计算机主机电源

国外 3D 打印机爱好者广泛使用计算机主机电源作为 3D 打印机的供电电源。有些 3D 打印机控制板可以直接连接计算机主机电源，但是大部分需要把计算机主机电源接口剪断自行接线。有些 3D 打印机控制板（比如 Ramps 1.4）提供 Power-On 信号去唤醒计算机主机电源。目前市场上计算机主机电源的质量参差不齐，有些可以提供过载保护功能，有些却不能，甚至很多不能给 3D 打印机提供稳定的电源供应。因为计算机主机电源不光可以提供 12V，还提供了 3.3V、5V，所以计算机主机电源最好选择功率在 400W 以上并检查 12V 电压下输出电流的能力。

2．服务器电源

3D 打印机同样也可以使用服务器电源。服务器电源大部分只提供 12V 电压，却能提供非常大的电流，且二手的服务器电源价格相当低廉，但是服务器电源一般都是直接插到机架系统的，需要根据不同型号自行改装接口。

3．移动电源

很多可移动电源可以提供 12V、240W 的电力，给 3D 打印机供电非常方便。DIY 爱好者经常选择 DELL 12V 笔记本电源或者 XBOX 360 电源，当功率过载时这些电源还可以提供过载保护功能，自动切断电源。

4．OEM 电源

常见的 OEM 电源有 LED 灯带电源和工业上数控机床电源，它们一般都提供 12V 或者 24V 输出电压，并且可以提供较大的输出功率。其中，LED 灯带电源价格低廉，被广泛应用到 3D 打印机中；数控机床电源体积小巧、可靠性高、生产工艺严格，但价格却十分昂贵，爱好者对数控机床电源只能望而却步。普通的 LED 灯带电源虽然价格低廉，接线简单，但是却不能提供更高的保障，这种电源设计初衷只是为了给 LED 灯带供电，所以生产厂商一般不会进行严格的指标测试，在质量和价格之间有很大差异性。

3.11　控制电路板

3D 打印机爱好者经常选择两种控制电路板。第一种为一体控制电路板，这种控制电路板使用简单、集成度高、接线方便、稳定性高，代表是 Melzi 2.0 控制电路板（图 3-30），在 Reprap 3D 打印机中使用最为常见，价格低廉；缺点是只支持单一挤出机，扩展性能差。

Melzi 2.0 控制电路板是 Reprap 3D 打印机的核心部件，控制整个打印机的正常运行。通过 USB 接口可以与计算机连接，实现数据交换；通过 SD 卡可实现脱机打印，令打印机更便携；电路图和 PCB 文件以及固件源代码资料在 http://www.reprap.org/wiki/Melzi 上。

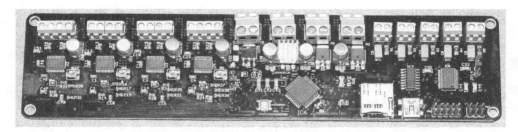

图 3-30　Melzi 2.0 控制电路板

第二种为模块化控制电路板，优点是扩展性好，爱好者可以自行选择模块。最常见的选择是 Arduino Mega 2560 主控板、Ramps 1.4 扩展板、A4988 驱动模块配合使用。针对 Ramps 1.4 扩展板的液晶屏模块选择也非常多，并可支持双挤出机挤出头打印。图 3-31 为 Ramps 1.4 全套控制电路板。

图 3-31　Ramps 1.4 全套控制电路板

现在还有一种高性能 3D 打印机控制电路板 Smoothieboard（图 3-32）越来越受欢迎。这种控制电路板综合了 Melzi、Ramps、Rambo、4pi 控制电路板的特点，使其具有以上两种控制电路板的全部特点，并且拥有更好的性能。Smoothieboard 控制电路板采用 Cortex-M3（ARM 32bit）主控芯片，运算速度更快且更适合工业控制。Smoothieboard 控制电路板最大的特点是不仅可用于控制 3D 打印机，而且可以控制小型激光雕刻机或者小型 CNC 数控机床，可实现一机多用。

图 3-32　Smoothieboard 控制电路板

3.12　液晶显示屏

3D 打印机液晶显示屏主要用于显示打印机打印时的实时参数。

例如打印时加热头温度，加热床的温度，打印完成百分比，X、Y、Z
各轴坐标等。3D 打印机液晶显示屏还集成了一些脱机功能，在打印
过程中不需要连接计算机就可以脱机打印。一般 3D 打印机液晶显示
屏都集成了编码器旋钮和 SD 卡插槽。编码器旋钮可以选择并执行打
印机内部预设的各个功能，例如加热床水平校准、加热头预加热、各
轴移动等。常见的 3D 打印机液晶显示屏主要有两种，屏幕型号分别
是 LCD2004 和 LCD12864。LCD2004 液晶模块可以显示 20×4=80
个字符，而 LCD12864 液晶模块可以显示 128x64=8192 个字符，并
且 LCD12864 模块还可以显示图形和中文。集成以上两种型号的液
晶显示模块使用最多的是 ReprapDiscount Smart 液晶控制电路板和
ReprapDiscount Full Graphic Smart 液晶控制电路板，如图 3-33、
图 3-34 所示。这两种液晶控制电路板可以直接与 Ramps1.4 控制电
路板连接，并兼容很多型号的 3D 打印机控制电路板。

图 3-33　ReprapDiscount Smart 液晶控制电路板

图 3-34　ReprapDiscount Full Graphic Smart 液晶控制电路板

第 4 章　3D 打印机的软件配置

在第 1 章和第 2 章的打印原理中提到，3D 打印需要先通过 CAD 建模软件进行 3D 模型的建模，建模软件输出成为.stl（.obj）文件格式，然后才能进行下一步的 3D 打印机的操作。

操作 3D 打印机的软件，一共分为三个部分：切片软件（又称 G 代码生成器，或者切层软件 Slicer），上位机控制软件，以及主控板固件。

1）切片软件 Slicer：3D 打印机是按照 G 代码来控制打印的，切片软件把 3D 模型文件（.stl）按照层厚设置从 Z 轴的方向分层，然后计算生成打印路径，得到 G 代码供设备使用。

2）上位机控制软件：3D 打印机客户端软件把这一系列动作指令传送到硬件，根据硬件程序（主控板固件）解释执行命令。

3）主控板固件：主控板固件分析并处理 G 代码命令，控制 3D 打印机硬件执行命令。例如：发送 "G1 X0 Y0 Z0" 命令，主控板固件判断 X、Y、Z 轴需要被移动到零点位置，步进电动机运动触发限位开关，X、Y、Z 轴分别归零位。

4.1　常用固件

3D 打印机的控制电路板有多种，所以相应的固件（Firmware）也很多。有些固件功能简单，使用和修改就相对简单；有些固件功能全面，操作起来就相对复杂。选择一个合适的固件对 DIY 一台 3D 打印机来说非常重要。现在主流的固件有 Sprinter、Grbl、Marlin、Smoothie、Teacup、Sailfish、Repetier 等，使用得最多的是 Sprinter 和 Marlin。下面对这几种固件进行简单介绍，后面将进行固件配置的详细说明。

1. Sprinter

在 3D 打印机中，固件 Sprinter 使用相当广泛，尤其在早期的 3D 打印机中大量使用，并且很多优秀的固件是基于 Sprinter 改进的。Sprinter 使用简单，兼容性好，性能高，其特性如下：

1）支持 SD 卡。

2）支持挤出机、挤出机速度控制。

3）支持固定和指数加速度运动。

4）支持打印加热床。

2. Grbl

Grbl 是一个低成本、高性能、高可靠数控铣床控制系统，但 Grbl 本身并不支持 3D 打印机挤出系统，需要爱好者自行改造。其特性如下：

1）是简单高效的 CNC 控制系统（不需要并口）。

2）可运行在 Arduino 环境下，代码采用模块化编程。

3）高达 30kHz 驱动频率，驱动电路纯净无抖动。

4）具有加速度预处理功能，可以保持高速运动，无停顿。

3. Marlin

Marlin（图 4-1）结合了 Grbl 可靠的运动特性和 Sprinter 成熟的功能，使得此固件开发非常活跃，有非常多的功能，应用广泛，兼容性好。本书中介绍的 3D 打印机也都使用的是固件 Marlin。其特性如下：

1）具有预加速、预处理功能。如果没有此功能，每执行完一条命令，运动都会被制动，执行下条命令要从零开始加速运动。

2）支持打印弧线。

3）具有温度多倍采样技术、温度可变技术（温度可以随着打印速度变化而变化，打印速度快，打印头需要更高的温度）。

4）具有 EEPROM 功能，可以存储和修改打印机的各项参数。

5）支持液晶屏功能（可支持图形显示屏，并可以定制菜单）。

6）支持 SD 文件和文件夹打印。

7）支持限位开关状态读取。

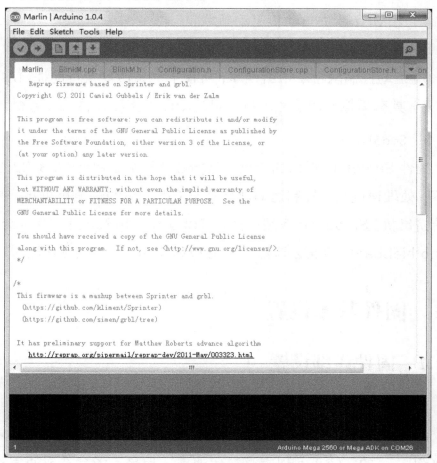

图 4-1　固件 Marlin

4. Repetier

固件 Repetier 基于 Sprinter，重写了 Sprinter 80％的代码，继承了 Sprinter 的优点，更容易拓展新的功能，打印速度更快。编写 Repetier 时，开发人员添加了大量的注释和说明文档，使得 Repetier 更容易进行二次开发。其特性如下：

1）支持多功能型液晶模块。

2）打印路径提前规划，打印速度快。

3）圆弧运动平滑自然。

4）16MHz 步进电动机驱动频率。

5）连续监测打印头、加热床温度。

6）运动控制融合了中断程序，可使下一条命令执行前提前准备。

7）具有模拟打印功能（打印机运动而不挤出耗材，节省材料）。

5. Smoothie

固件 Smoothie 最大的特点是运行在 ARM Cortex-M3 32 位系统下，处理速度快，控制运动部分基于 Grbl，运动性能更可靠，并且支持挤出机。Smoothie 应用广泛，可以运行在 mBed、LPCXpresso、SmoothieBoard、R2C2 等基于 LPC17xx 芯片的控制电路板上。

4.2　固件基本设置

4.2.1　固件详细设置

1. 端口设置

设置固件和上位机软件通信的波特率，一般设置成 115200 或者 250000。高的波特率可以提高通信速率，但是可能会造成通信不稳

定。使用上位机软件时，软件中选择的波特率需要与固件中设置的波
特率一致。如：

#define BAUDRATE 250000

代码中 250000 表示固件和上位机控制软件的通信波特率为 250000。

2．控制电路板选择

选择使用的控制电路板，"#define MOTHERBOARD 33" 代表
使用的是 Ramps 1.4 控制电路板。如：

//// The following define selects which electronics board you have. Please choose the
one that matches your setup

// 10 = Gen7 custom (Alfons3 Version) "https://github.com/Alfons3/Generation_7_Electronics"

// 11 = Gen7 v1.1, v1.2 = 11

// 12 = Gen7 v1.3

// 13 = Gen7 v1.4

// 2　= Cheaptronic v1.0

// 20 = Sethi 3D_1

// 3　= MEGA/RAMPS up to 1.2 = 3

// 33 = RAMPS 1.3 / 1.4 (Power outputs: Extruder, Fan, Bed)

// 34 = RAMPS 1.3 / 1.4 (Power outputs: Extruder0, Extruder1, Bed)

// 35 = RAMPS 1.3 / 1.4 (Power outputs: Extruder, Fan, Fan)

// 4　= Duemilanove w/ ATMega328P pin assignment

// 5　= Gen6

// 51 = Gen6 deluxe

// 6　= Sanguinololu < 1.2

// 62 = Sanguinololu 1.2 and above

// 63 = Melzi

// 64 = STB V1.1

// 65 = Azteeg X1

// 66 = Melzi with ATmega1284 (MaKr3d version)

// 67 = Azteeg X3

// 68 = Azteeg X3 Pro

// 7　= Ultimaker

// 71 = Ultimaker (Older electronics. Pre 1.5.4. This is rare)

// 72 = Ultimainboard 2.x (Uses TEMP_SENSOR 20)

// 77 = 3Drag Controller

// 8　= Teensylu

// 80 = Rumba

// 81 = Printrboard (AT90USB1286)

```
// 82 = Brainwave (AT90USB646)
// 83 = SAV Mk-I (AT90USB1286)
//84=Teensy++2.0 (AT90USB1286) // CLI compile: DEFINES=AT90USBxx_TEENSYPP_
ASSIGNMENTS HARDWARE_MOTHERBOARD=84    make
// 9   = Gen3+
// 70 = Megatronics
// 701= Megatronics v2.0
// 702= Minitronics v1.0
// 90 = Alpha OMCA board
// 91 = Final OMCA board
// 301= Rambo
// 21 = Elefu Ra Board (v3)
// 88 = 5DPrint D8 Driver Board

#ifndef MOTHERBOARD
#define MOTHERBOARD 33
#endif
```

3．温度测量设置

　　温度测量设置中需要设置 3D 打印机使用的热敏电阻类型和与热敏电阻串联电阻的阻值大小（Melzi 控制电路板使用 1kΩ 电阻，而 Ramps 1.4 中使用的是 4.7kΩ 电阻）。"#define TEMP_SENSOR_0 5" 代表 3D 打印机第一个挤出头使用 ATC Semitec 104GT-2 型号的热敏电阻，并且使用 4.7kΩ 的电阻（R_2）与之串联（见第 3 章温度传感器一节）。同样，"#define TEMP_SENSOR_1 5""#define TEMP_SENSOR_2 0""#define TEMP_SENSOR_BED 5" 分别代表 3D 打印机第二个挤出头、第三个挤出头、加热床使用的温度传感器类型。如：

```
//// Temperature sensor settings:
// -2 is thermocouple with MAX6675 (only for sensor 0)
// -1 is thermocouple with AD595
// 0 is not used
// 1 is 100k thermistor - best choice for EPCOS 100k (4.7k pullup)
// 2 is 200k thermistor - ATC Semitec 204GT-2 (4.7k pullup)
// 3 is Mendel-parts thermistor (4.7k pullup)
```

// 4 is 10k thermistor !! do not use it for a hotend. It gives bad resolution at high temp. !!

// 5 is 100K thermistor – ATC Semitec 104GT–2 (Used in ParCan & J–Head) (4.7k pullup)

// 6 is 100k EPCOS – Not as accurate as table 1 (created using a fluke thermocouple) (4.7k pullup)

// 7 is 100k Honeywell thermistor 135–104LAG–J01 (4.7k pullup)

// 71 is 100k Honeywell thermistor 135–104LAF–J01 (4.7k pullup)

// 8 is 100k 0603 SMD Vishay NTCS0603E3104FXT (4.7k pullup)

// 9 is 100k GE Sensing AL03006–58.2K–97–G1 (4.7k pullup)

// 10 is 100k RS thermistor 198–961 (4.7k pullup)

// 11 is 100k beta 3950 1% thermistor (4.7k pullup)

// 12 is 100k 0603 SMD Vishay NTCS0603E3104FXT (4.7k pullup) (calibrated for Makibox hot bed)

// 13 is 100k Hisens 3950   1% up to 300° C for hotend "Simple ONE " & "Hotend "All In ONE"

// 20 is the PT100 circuit found in the Ultimainboard V2.x

// 60 is 100k Maker's Tool Works Kapton Bed Thermistor beta=3950

// 1k ohm pullup tables – This is not normal, you would have to have changed out your 4.7k for 1k

//   (but gives greater accuracy and more stable PID)

// 51 is 100k thermistor – EPCOS (1k pullup)

// 52 is 200k thermistor – ATC Semitec 204GT–2 (1k pullup)

// 55 is 100k thermistor – ATC Semitec 104GT–2 (Used in ParCan & J–Head) (1k pullup)

// 1047 is Pt1000 with 4k7 pullup

// 1010 is Pt1000 with 1k pullup (non standard)

// 147 is Pt100 with 4k7 pullup

// 110 is Pt100 with 1k pullup (non standard)

#define TEMP_SENSOR_0 5
#define TEMP_SENSOR_1 5
#define TEMP_SENSOR_2 0
#define TEMP_SENSOR_BED 5

4.2.2　机械设置

1. 限位开关设置

设置限位开关的接线方式，可以选择常开接线方式，也可以选择常闭接线方式。如果在调试中限位开关一直处于触发状态，只需把"true"变更为"false"。X_MIN、Y_MIN、Z_MIN 代表 X、Y、Z 轴最小的位置，X_MAX、Y_MAX、Z_MAX 代表 X、Y、Z 轴最大的位置。如：

```
const bool X_MIN_ENDSTOP_INVERTING = true;
const bool Y_MIN_ENDSTOP_INVERTING = true;
const bool Z_MIN_ENDSTOP_INVERTING = true;
const bool X_MAX_ENDSTOP_INVERTING = true;
const bool Y_MAX_ENDSTOP_INVERTING = true;
const bool Z_MAX_ENDSTOP_INVERTING = true;
```

2. 步进电动机设置

设置步进电动机运转的方向，如果发现挤出机方向不正确，只需把"true"设置成"false"。如：

```
#define INVERT_X_DIR      true
#define INVERT_Y_DIR      false
#define INVERT_Z_DIR      true
#define INVERT_E0_DIR     false
#define INVERT_E1_DIR     false
#define INVERT_E2_DIR     false
```

3. X、Y、Z 轴归位方向设置

可以设置 X、Y、Z 轴归位方向，"-1"代表朝向最小位置移动，"1"代表朝向最大位置移动。如：

```
#define X_HOME_DIR -1
#define Y_HOME_DIR -1
#define Z_HOME_DIR -1
```

4. 步进电动机行程设置

设置 X、Y、Z 轴运动的最大行程，"200"代表 X、Y、Z 轴最大行程为 200mm。如：

```
#define X_MAX_POS 200
#define X_MIN_POS 0
#define Y_MAX_POS 200
```

```
#define Y_MIN_POS 0
#define Z_MAX_POS 200
#define Z_MIN_POS 0
```

5．各轴移动速度距离设置

设置各轴步进电动机归位的速度"#define HOMING_FEEDRATE {50*60，50*60，4*60，0}"，速度设置过高，步进电动机容易造成堵转而不能正常运行，所以调试时如发现在归位时步进电动机不能正常运转，可以适当降低此值大小（50*60、50*60、4*60、0 分别代表 X、Y、Z、E 轴挤出机步进电动机的速度）。

6．设置步进电动机行进距离

"#define DEFAULT_AXIS_STEPS_PER_UNIT {78.7402，78.7402，200.0*8/3，760*1.1}"这些参数直接决定 3D 打印机运动的准确性。3D 打印机控制步进电动机是通过发送脉冲数来控制的，每发送一个脉冲数，步进电动机就行进一定的角度。如何能计算出步进电动机实际的行进距离呢？程序是通过移动每毫米所发送的脉冲数来计算的，这时就需要用户计算每毫米所发送的脉冲数。X、Y、Z、E 四轴大多有三种传动模式，同步带传动、丝杠传动、挤出齿轮直接驱动。X、Y 轴普遍使用同步带传动，同步带传动的公式为"步进电动机转一圈的步数×细分数/（同步带轮齿数×同步带齿距）"。其中，1.8° 步进电动机转一圈的步数为 200（360° /1.8° =200），常用的细分数为16 细分，其计算原理同为转一圈所使用的总脉冲数除去转一圈同步带行进的距离。Z 轴大多使用丝杠传动方式，丝杠传动的计算公式为"步进电动机转一圈的步数×细分数/丝杠的导程"。其中，丝杠的导程为丝杠转一圈螺母所行进的距离。E 轴挤出机大多直接驱动挤出齿轮，也有通过减速装置来驱动有效挤出齿轮的,挤出齿轮的计算公式为"（步进电动机转一圈的步数×细分数/减速比）/（有效挤出齿直径× π ）"。其中，无减速电动机减速比为 1，有效挤出齿直径为挤丝处直径，π 大多取 3.14。以上参数中，"78.7402" 代表 X、Y 轴单位脉冲数，"200.0*8/3" 代表 Z 轴单位脉冲数，"760*1.1" 代表 E 轴挤出机单位脉冲数（数值可输入计算公式，也可直接输入结果，X、Y 轴 "78.7402" 为直接输入的结果，Z、E 轴 "200.0*8/3,760*1.1" 为输入的公式）。如：

```
#define NUM_AXIS 4
#define HOMING_FEEDRATE {50*60, 50*60, 4*60, 0}
#define DEFAULT_AXIS_STEPS_PER_UNIT    {78.7402,78.7402,200.0*8/3,760*1.1}
#define DEFAULT_MAX_FEEDRATE           {500, 500, 5, 25}
#define DEFAULT_MAX_ACCELERATION       {9000,9000,100,10000}
#define DEFAULT_ACCELERATION           3000
#define DEFAULT_RETRACT_ACCELERATION   3000
```

7. 附加功能

1）EEPROM 设置：EEPROM 为机器参数，可以在不上传固件的情况下，调整机器的参数并可以永久保存。开启 EEPROM 功能，只需去掉注释 "//" 即可（#define EEPROM_SETTINGS、#define EEPROM_CHITCHAT）。如：

```
//define this to enable EEPROM support
//#define EEPROM_SETTINGS
//to disable EEPROM Serial responses and decrease program space by ~1700 byte:
comment this out:
// please keep turned on if you can.
//#define EEPROM_CHITCHAT
```

2）液晶显示屏设置：开启液晶显示屏功能只需找到对应的类型去掉注释 "//" 即可。比如常用的 ReprapDiscount Smart Controller 类型液晶显示屏,只需修改成 "#define REPRAP_DISCOUNT_SMART_ CONTROLLER"。如：

```
// The RepRapDiscount Smart Controller (white PCB)
```

```
//#define REPRAP_DISCOUNT_SMART_CONTROLLER
// The RepRapDiscount FULL GRAPHIC Smart Controller (quadratic white PCB)
// ==> REMEMBER TO INSTALL U8glib to your ARDUINO library folder:
http://code.google.com/p/u8glib/wiki/u8glib
//#define REPRAP_DISCOUNT_FULL_GRAPHIC_SMART_CONTROLLER
```

4.2.3 固件上传

固件上传步骤如下：

第一步：选择使用的控制电路板。

第二步：选择控制电路板对应的端口号。

第三步：单击"上传"按钮即可。

图 4-2 为固件详细设置。

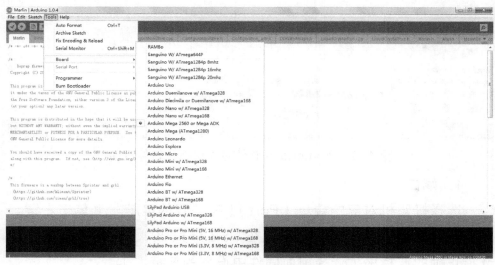

图 4-2 固件详细设置

4.3 常用上位机控制软件

上位机控制软件种类比较多，有基于 Processing 的 ReplicatorG，功能强大的 Pronterface、Repetier-Host 等。

4.3.1 Pronterface 控制软件

Pronterface 是一款可视化的 3D 打印机控制软件包(包括 Printer Interface 和自动化命令行软件)，支持使用命令行代码的形式控制打印机，采用 Slic3r 作为默认 Slicer，因此推荐使用 Pronterface 控制面板来连接打印机、移动轴、设置和监控温度以及对模型分层。图 4-3 为 Pronterface 软件包中可视化软件界面。

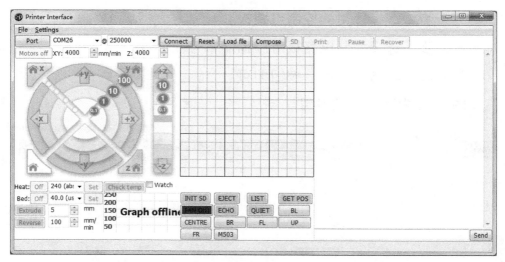

图 4-3 Pronterface 软件包中可视化软件界面

1. 端口

选择打印机对应的端口（Port）（在"我的电脑"上单击右键，选择"管理"–"设备管理器"，在 USB 虚拟化中查看相应的端口），选择正确的波特率（选择前面固件中设置的波特率）。

2. X、Y、Z 轴手动移动速度

X、Y 轴手动移动速度应设置在 1000～5000，如果是 Prusa 3D 打印机，Z 轴手动移动速度设置在 100～300；如果是 Kossel 等类型 3D 打印机，Z 轴手动移动速度设置在 1000～5000。"Motors off"按钮为关闭所有步进电动机。

3．打印机手动控制

通过方向指示控制 3D 打印机 X、Y 轴的前进和后退，Z 轴的上升和下降。

4．设置温度

"Heat" 为挤出头的温度，"Bed" 为加热床温度，"Set" 按钮加热到设置的温度，"Off" 按钮关闭加热。

5．设置挤出、回退

"Extrude" "Reverse" 按钮分别为打印丝挤出、回退，注意一定要在挤出头加热时进行操作。"mm" 文本框中设定挤出或者回退的距离，"mm/min" 文本框中设定挤出或者回退的速度。

6．温度显示

"T" 为挤出头实时温度/目标温度，"B" 为加热床实时温度/目标温度。

7．其他手动功能

常用的是 "INIT SD" 初始化 SD 卡，"FAN ON" 打开关闭风扇，"GET POS" 获取当前打印头位置。

8．功能菜单

"Reset" 按钮重启打印机（如果载入了 stl 文件会自动重新生成 G 代码），"Load file" 载入文件，"Compose" 预打印（可以调整打印件的打印位置），"SD" 可以选择 SD 卡中的文件进行打印，"Print" "Pause" "Resume" "Restart" 四个按钮分别控制打印机开始打印、暂停打印、恢复打印和重新打印。

9．命令控制台

命令控制台可以发送命令直接控制 3D 打印机。例如，在控制台输入"M119"命令，控制台会返回 X、Y、Z 限位开关触发的状态；控制台输入"G28"命令，打印头会移动到起始位置。

4.3.2 Repetier 控制软件

Repetier-Host 是一款非常优秀的可视化上位机控制软件，支持中文显示，集成了 3D 打印模型显示、编辑、切片、3D 打印机控制，各项参数实时显示，功能非常全面。Repetier-Host 切片软件更加优秀的功能是可以实时模拟显示 3D 打印机打印过程中移动的轨迹信息和温度变化信息。内置集成了两种优秀的切片软件 Slic3r 和 Skeinfore，尤其对 Slic3r 软件的支持，可以通过可视化的方式查看 Slic3r 切片软件生成的代码信息，以及打印机实际打印的运动路径信息，并可以分层查看。

Repetier-Host 上位机软件界面如图 4-4 所示。

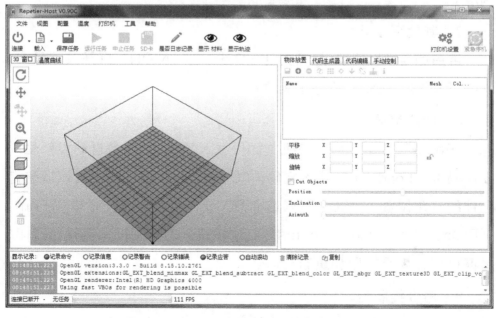

图 4-4 Repetier-Host 上位机软件界面

1. 连接 3D 打印机

Repetier-Host 软件会自动识别 3D 打印设备的端口，只需单击"连接"按钮旁的下拉菜单选择端口即可。

2. 载入 3D 打印模型

单击菜单栏"载入"按钮，选择"3D 打印模型文件"，模型会自动显示在"3D 窗口"中。通过窗口右侧"物体放置"菜单栏可以调整 3D 打印模型在 3D 打印机平台中的摆放位置，并且可以对 3D 打印模型进行平移、缩放、旋转和剪切操作。通过窗口右侧"物体放置"菜单还可以增加多个模型，并可以调整模型的顺序，增加或者删除某个模型。还可以把多个模型保存成一个模型文件，方便下次打印。

3. 3D 窗口显示

3D 窗口可以显示 3D 打印模型三维图或者二维图的各个面，并且可以通过左侧的工具栏实现对打印模型的放大、缩小、移动，以及不同角度的查看。

4. 代码生成器

Repetier-Host 上位机软件内置集成了 Slic3r、Skeinfore 两种切片软件，可以通过"参数配置"对 Slic3r、Skeinfore 切片软件设置适合自己 3D 打印机的各项参数。单击"开始生成代码"软件会自动生成 G-code 代码，并自动跳转到"代码编辑"菜单。左侧的"3D 窗口"会自动生成 3D 打印模型对应的 3D 打印路径信息。代码生成器界面如图 4-5 所示。

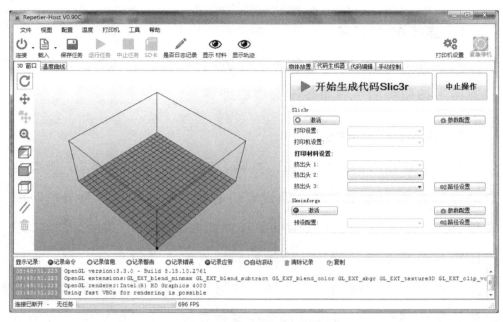

图 4-5　代码生成器界面

5．代码编辑

"代码编辑"选项卡可以编辑上一步生成的 G-code 代码，并且可以通过"可视化"选项卡对上一步生成的 3D 打印模型实际移动路径分层显示或者单层显示。此功能通过可视化的方式，对查看切片后打印模型的路径信息，检验实际打印成果成功与否，起到至关重要的作用。代码编辑界面如图 4-6 所示。

6．手动控制

手动控制可以通过单击十字箭头，对 X、Y、Z 轴分别控制，不同颜色显示可以控制 3D 打印机移动的距离。通过"手动控制"选项卡可以对 3D 打印机各种功能进行控制，更方便调试，例如控制电源关停、步进电动机的起停、各轴移动速率、各轴归位操作、加热头温度、加热床温度和风扇等。最后可以手动发送 G-Code 指令控制 3D 打印机。手动控制界面如图 4-7、图 4-8 所示。

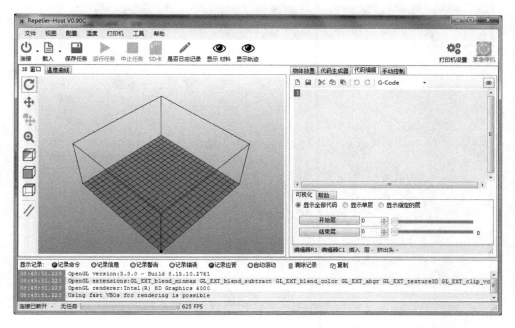

图 4-6　代码编辑界面

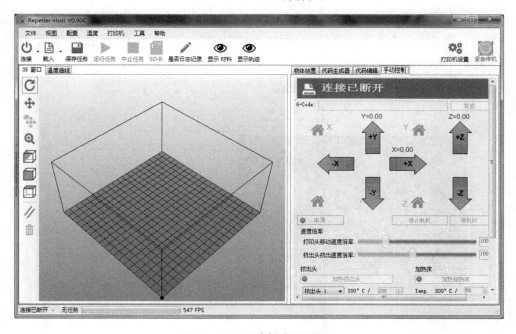

图 4-7　手动控制界面 1

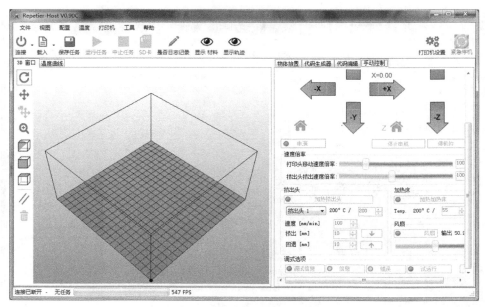

图 4-8　手动控制界面 2

7．温度曲线显示

"温度曲线"选项卡可以显示 3D 打印机打印过程中温度的变化曲线，同时可以显示手动控制时各个打印喷头、加热床实时的温度变化曲线，如图 4-9 所示。

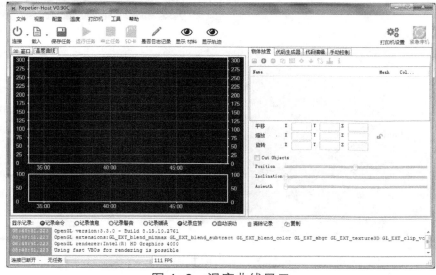

图 4-9　温度曲线显示

4.4　切片软件设置

4.4.1　切片软件 Slic3r

我们给上位机控制软件提供切片数据的软件是 Slic3r。Slic3r 的开源、免费、相对快捷和高度可定制化的特性，使它成为开源创客的首选切片软件。如果计算机是 32 位系统，就用 Slic3r-mswin-x86-0-8-4；如果是 64 位系统，就用 Slic3r-mswin-x64-0-9-2。运行 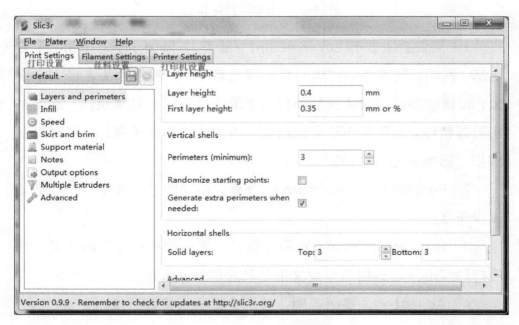 会出现控制界面。

单击配置，进入参数设置，如图 4-10 所示。进入这个主界面就可以设置打印、材料、打印机，每次设置好一个界面后，千万要记得单击保存。下面分别对各个设置的功能进行介绍。

图 4-10　Slic3r 参数设置

1．Print Settings（打印设置）

（1）设置 Layers and perimeters（层和壁厚） 如图 4-11 所示。

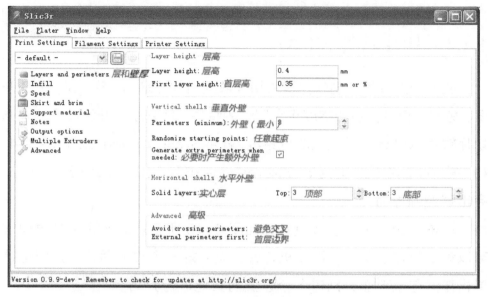

图 4-11　Slic3r 打印设置

1）层设置主要有 Layer height（层高）、First layer height（首层高）两项。层高是指打印时每一层的高度，一般按喷头直径大小设置，设置值不超过喷头直径为好，值越大打印的物品越粗糙；反之越小就越精细。首层高小于其他层高，因为首层会被压扁，太高材料会堆积，影响其他层打印。

2）Perimeters（minimum），外壁，指外圈最小厚度，一般不建议少于3。

3）Horizontal shells，水平外壁，指最底部和最顶部的几层，一般打印实心层，这里可以定义顶部和底部的实心层。

4）Advanced，高级选项，其两个选项可按默认值。

（2）设置 Infill（填充） 如图 4-12 所示。

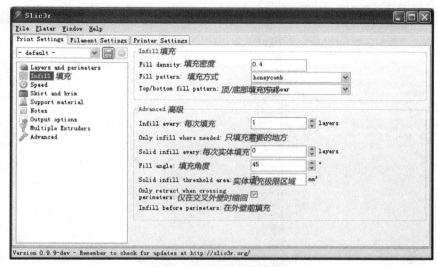

图 4-12　Slic3r 填充设置

1）填充里面有几个选项，Fill density（填充密度），指线条密度，Fill pattern（填充方式）、Top/bottom fill pattern（顶/底部填充方式）可以自由选择，对打印成品影响不是很大。

2）Advanced，高级选项里面的单项可按默认设置。

（3）设置 Speed（速度）如图 4-13、图 4-14 所示。

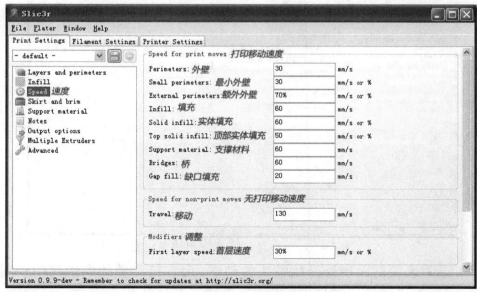

图 4-13　Slic3r 速度设置 1

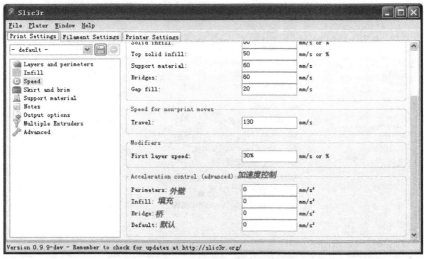

图 4-14 Slic3r 速度设置 2

速度设置项目比较多，但一目了然。其中，Speed for non-print moves（无打印移动速度）就是空移动的速度，First layer speed（首层速度）不能设置得太高，不然打印材料会粘不上加热床。

（4）设置 Skirt and brim（边缘和突出边沿） 如图 4-15 所示。

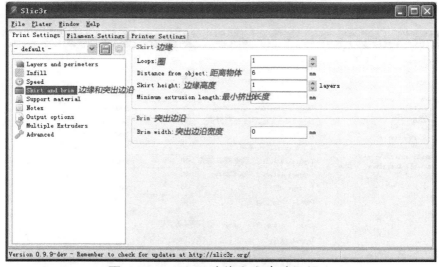

图 4-15 Slic3r 边缘和突出边沿设置

这个选项是设置最开始喷头的动作，会在打印件的周边打印一周线条，这个设置建议保留，因为打印机喷头开始的时候会有一段空料，刚好打完这一圈的时候出料就基本正常了。

（5）设置 Support material（支撑材料）　如图 4-16 所示。

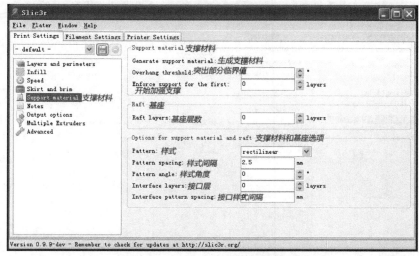

图 4-16　Slic3r 支撑材料设置

在打印物品时会出现有中空或者桥接的情况，如果桥接距离过长，就需要加入支撑，支撑是额外的，在打印完成后可以去除掉。Raft（基座）就是打印物品的时候最下面的地基，在玻璃加热床上打印时不建议使用。

（6）设置 Notes（笔记）　如图 4-17 所示。

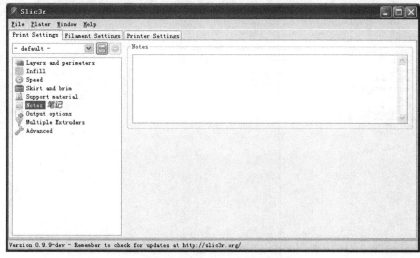

图 4-17　Slic3r 笔记功能

这个选项可以自己添加想写的东西，就跟笔记本一样。

（7）设置 Output Options（输出选项） 如图 4-18 所示。

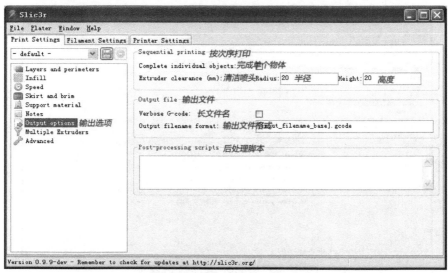

图 4-18 输出选项设置

这个选项包括 Sequential printing（按次序打印）和 Output file（输出文件）等，按默认即可。

（8）设置 Multiple Extruders（多挤出头） 如图 4-19 所示。

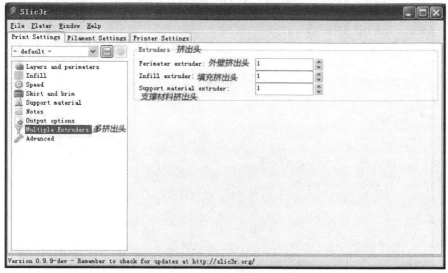

图 4-19 多挤出头设置

　　这个选项在机器具有多挤出头的时候才需要设置，一个挤出头的时候不需设置。

　　（9）设置 Advanced（高级）选项　如图 4-20 所示。

　　在高级选项里面，Print Settings 选项卡里面的参数不建议更改。

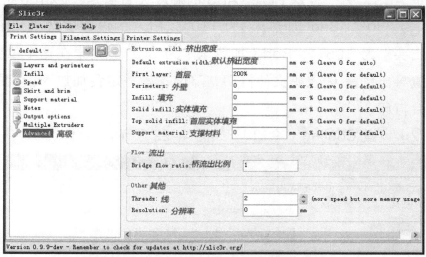

图 4-20　高级选项的 Print Settings 选项卡

2. Filament Settings（耗材丝料设置）

（1）设置 Filament（丝料）　如图 4-21 所示。

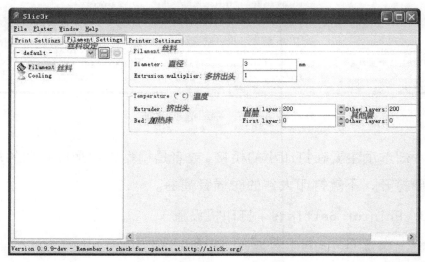

图 4-21　耗材丝料设置

1）Filament，丝料设置，直径按照材料直径设置，一般是 3mm 和 1.75mm。

2）Temperature，温度设定，此设定比较重要，材料有两种，一种是 ABS，另一种是 PLA。ABS 的温度设置值是：Extruder（挤出头）为 230℃，Bed（加热床）为 110℃。PLA 的设置值是：Extruder（挤出头）为 185℃，Bed（加热床）为 55℃。如果在这个位置设置的值导出的是 G 代码文件打印，那设备就一定会加热到设定的温度才会打印。

（2）设置 Cooling（冷却）　如图 4-22 所示。

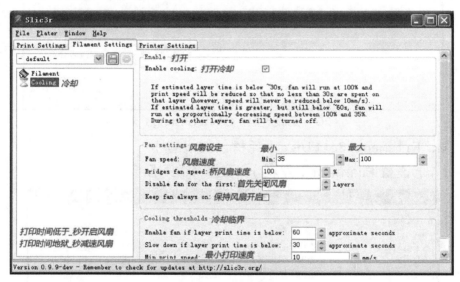

图 4-22　冷却选项设置

冷却选项主要在打印小的桥接，或者是模型需要形成孔洞的地方才需要打开，不然打印大件的时候会翘曲。

3．Printer Settings（打印机设置）

（1）设置 General（普通）　如图 4-23 所示。

1）Size and coordinates，尺寸和坐标，按实际尺寸设置就可以了。

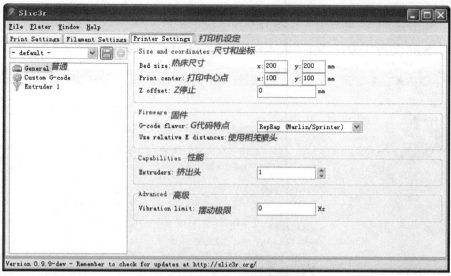

图 4-23　打印机设置

2）Firmware（固件）、G-code flavor（G 代码特点）按现有机型，不要更改。

3）Capabilities（性能）和 Advanced（高级）设置按默认。

（2）设置 Custom G-code（自定义 G 代码）　如图 4-24 所示。

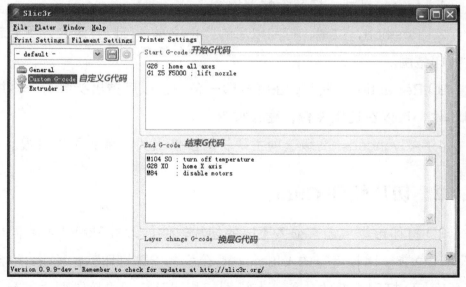

图 4-24　G 代码设置

这里主要设置 G 代码文件的开头和结束、换层。

（3）设置 Extruder（挤出头）　如图 4-25 所示。

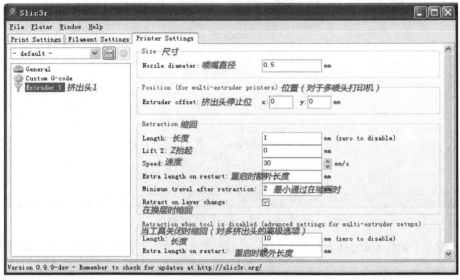

图 4-25　挤出头设置

因为我们只要一个挤出头，所以就只有一个设置。

1）Size，尺寸，按实际情况填写。

2）Position，位置，打完以后的停止位置，可以自定义，不要超过打印范围。

3）Retraction，缩回，在每打印一条线条以后挤出头会有一个缩回动作，可以在这里设置，建议按默认。

4）Advanced，高级选项主要针对多挤出头，单头不用设置。

4.4.2　切片软件 Cura

3D 打印市场上还有很多不同的切片软件，比如 Skeinforge 同样开源、免费。比较流行的 Ultimaker 公司的 3D 打印软件 Cura 包含了所有 3D 打印需要的功能，有模型切片以及打印机控制两大部分。

目前 Cura 可以免费下载使用，而且也可以控制 Reprap 系列的 3D 打印机，下面进行简要的介绍。

1. **基础界面**（Basic 选项卡，图 4-26）

（1）Quality　Cura 基础界面第一选项是 Quality（打印质量），具体选项说明如下：

1）Layer height，层高，就是打印模型每一层切面的层高，打印很精细的模型通常可以选择 0.1mm，打印质量并不是特高的话，可以选择 0.2mm 或者更高。

2）Shell thickness，壁厚，是指模型切面最外层的厚度，通常设置成喷嘴直径的倍数。如果需要双层壁厚，0.4mm 的喷嘴就可以设成 0.8mm。

3）Enable retraction，也就是回缩的选项，当模型需要跨越空白区域，挤出机构就会将材料根据设置按照一定的速度回缩一定长度。

（2）Fill　Fill 是一些模型填充，包括 Bottom/Top thickness（底/顶层层厚）、Fill Density（填充率）的设置。

1）Bottom/Top thickness 设置是根据每层的层高，一般会设置成层高的倍数，是最底层打印多少层之后才会填充的一个依据。如果设置得厚一点效果固然会漂亮许多，几乎看不到里面的填充，但是打印需要花更长的时间。

2）Fill Density 是内部填充比率，需要注意的是，如果需要完全中空的打印效果，只需要设置成 0。通常情况下，20% 的填充密度足够了。

（3）Speed and Temperature　速度和温度，一般改动的频率并不是很大，主要是一些平时打印的速度和温度设置，可以说是一个全局的参数设置。

（4）Support　支撑，设置一些模型需要打印支撑或者模型底部的底板与模型的过度（Raft）。支撑选项是通过下拉选项的方式选择的，一共有添加任何支撑、仅仅外部添加支撑、全部添加支撑三个选项，一般设置的时候选择"仅仅外部添加支撑"。

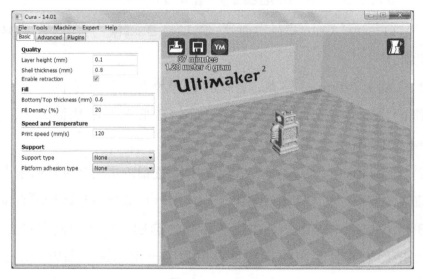

图 4-26　Cura 基本界面

2．高级界面（Advanced 选项卡，图 4-27）

1）Nozzle size，喷嘴直径，一般设置为 0.4mm，除非是 0.3mm 的喷嘴。

2）Initial layer thickness，初始层打印厚度，一般设成 0.1mm，这个参数还与平板和喷嘴的距离有关，手工设定平台与喷嘴的距离。

3）Cut off object bottom，剪平对象底部，用于一些不规则形状的 3D 对象，如果对象的底部与加热床的连接点太少，会造成无法粘接的情况，这时将这个值设置为一个大于 0 的值，3D 对象将被从底部剪平，自然可以更好地粘在加热床上了。

4）Speed，速度设置，直接反映于打印速度，主要有主喷头移动速度、Z 轴移动速度以及底层打印速度。这里 Travel speed（主喷头打印速度）和 Bottom layer speed（底层打印速度）会经常改动，对打印质量影响很大。

5）Cool，散热参数设置，有 Minimal layer time（风扇最小打印时间）和 Enable cooling fan（是否使用风扇）。

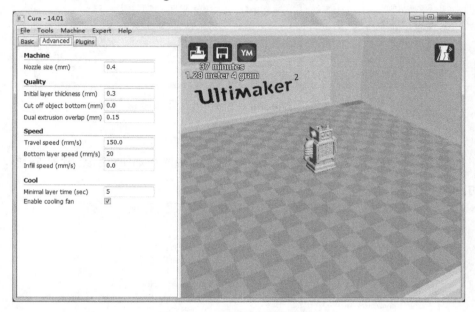

图 4-27　高级选项卡界面

3. 机器设置（图 4-28）

1）Machine settings，机器设置选项，一些机器最大打印尺寸的限定，软件初始这些值都提前设置好，一般就无须再改动了。

2）Extruder count，设置挤出机个数，Cura 支持多喷头打印，可以设置多个挤出机。

3）Heated bed，加热床选项，一般不勾选，可以通过操作软件人工加热，免去了打印一个模型结束又要重复加热的麻烦。

4）后面的设置是开始结束的 G 代码添加，刚入门的爱好者不推荐使用 G 代码。

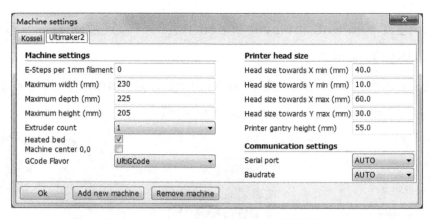

图 4-28　Machine settings 机器设置

4．高级设定

单击菜单栏里"Expert"，进入到 Expert config 专家设置界面，如图 4-29 所示。

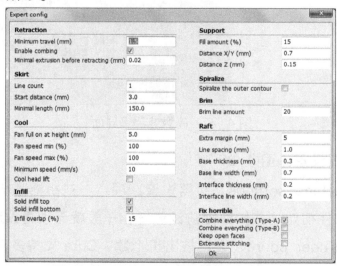

图 4-29　Expert config 专家设置界面

在图 4-29 右边的模型操作界面，分别有一些基本功能，例如模型导入，尺寸比例，放大缩小，X、Y、Z 轴三个方向旋转，分层效果预览，G 代码文件导出另存，打印时间预算等功能，界面非常简单，很容易上手。

第 5 章　3D 打印机的组装过程

5.1　Prusa i3 3D 打印机组装

5.1.1　打印机特点和性能指标

Prusa i3 3D 打印机是目前最新型的开源 3D 打印机，在 Reprap 系列开源 3D 打印机中广泛流行。Prusa i3 3D 打印机融合了 Reprap 系列开源 3D 打印机的诸多优点，使得此 3D 打印机性能更强，精度更高。其性能指标为：

总体打印件：26 个。

非打印件：337 个。

价格：1500～3000 元。

控制电路板：Reprap Melzi。

打印尺寸：200mm（长）×200mm（宽）×200mm（高）。

电动机：5×42 型步进电动机。

框架材料：6mm 厚度的亚克力或者铝板。

XY 精度：0.012mm。

Z 精度：0.008mm。

每层精度：0.1～0.4mm，可调。

打印速度：100mm/s。

5.1.2　组装流程

Prusa i3 3D 打印机各部分结构如图 5-1 所示。

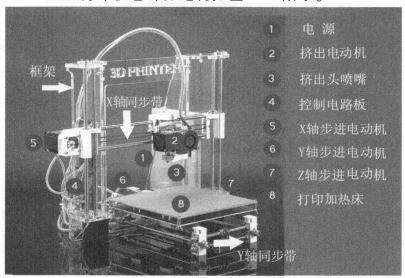

图 5-1　Prusa i3 3D 打印机各部分结构

5.1.2.1　框架组装

1）使用 M3×20mm 螺钉、方形螺母，将两块三角形支撑板固定到亚克力框架上，如图 5-2 所示。

2）使用 M3×20mm 螺钉、方形螺母组装 Z 轴电动机座，将组装好的电动机座安装到亚克力框架两侧。注意电动机座的安装方向，电动机座表面的 8mm 圆孔都应朝着框架的外侧，如图 5-3

所示。

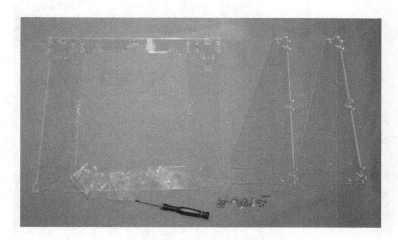

图 5-2　组装亚克力框架

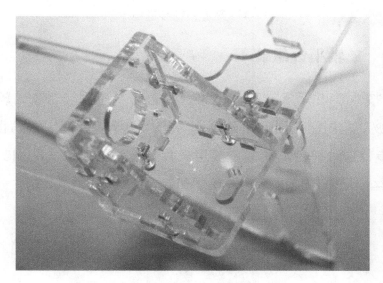

图 5-3　组装 Z 轴电动机座

3）使用 M3×10mm 螺钉把两个步进电动机分别安装到 Z 轴电动机座上，螺钉和亚克力直接连接需要使用 M3 弹簧垫片和 M3 平垫片，如图 5-4 所示。

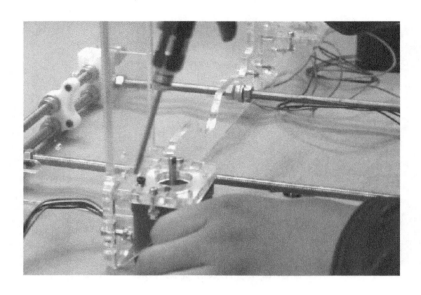

图 5-4　安装 Z 轴步进电动机

5.1.2.2　Y 轴平台组装

1）按图 5-5 所示安装 Y 轴平台短边和 Y 轴同步带被动轮。Y 轴同步带被动轮两侧需要使用两个弹簧垫片和平垫片固定，防止松脱。Y 轴同步带被动轮轴承两侧需要用一片 M5 大垫片和一片 M5 小垫片固定。丝杠最外侧使用 M8 自锁螺母锁紧。

图 5-5　组装 Y 轴平台短边和 Y 轴同步带被动轮

2）安装另一根丝杠，丝杠在四角打印件内侧各需要弹簧垫片和平垫片固定，外侧使用自锁螺母固定，如图 5-6 所示。

图 5-6　安装 Y 轴平台另一端丝杠

3）按图 5-7 所示安装 Y 轴平台短边步进电动机固定侧（背向打印平台），固定步进电动机的打印件两侧，需要各使用弹簧垫片和平垫片固定。

图 5-7　安装 Y 轴平台短边步进电动机固定侧

4）组装好的两短边与长边、Y 轴平台如图 5-8 所示。两长边中间部分一定预留安装亚克力框架的螺母，并且螺母之间需要使用弹簧垫片和平垫片固定亚克力框架，如图 5-9 所示。

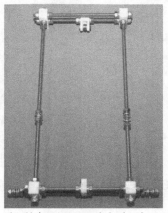

图 5-8　组装好的两短边与长边、Y 轴平台

图 5-9　Y轴平台长边与亚克力框架位置

5.1.2.3　Y轴加热平台与传动组装

1）把三个 M8 线性轴承分别安装到轴承座中，可以使用橡皮锤子将线性轴承固定到轴承座里面。将 M3×16mm 螺钉和 M3 螺母安装到同步带座里面，如图 5-10 所示。

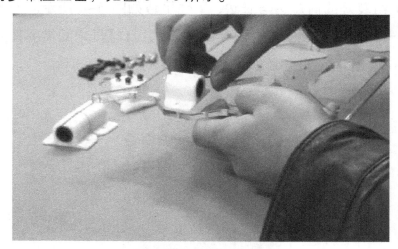

图 5-10　组装轴承座和同步带座

2）把轴承座和同步带座安装到亚克力底座上，如图 5-11 所示。

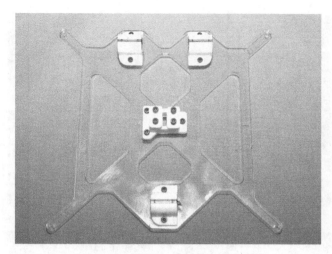

图 5-11　安装轴承座和同步带座

3）使用高温胶带将热敏电阻固定到加热床板中心位置。

4）把 M8 光轴插入轴承座中（**插入时，线性轴承容易掉钢珠，需要小心操作**），如图 5-12 所示。

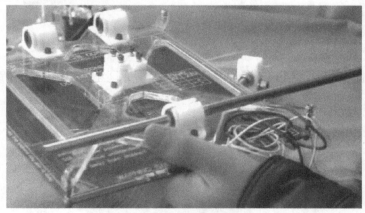

图 5-12　加热平台光轴安装

5）使用 M3×25mm 螺钉把加热电路板固定到亚克力底座上（PCB 板和亚克力两侧都需要弹簧垫片和平垫片，螺钉末端使用 M3 自锁螺母锁紧螺钉），如图 5-13 所示。

6）把 Y 轴底座平台安装到亚克力框架上，如图 5-14 所示。

图 5-13　加热电路板固定

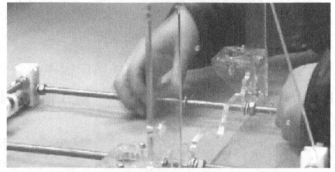

图 5-14　Y 轴平台与亚克力框架安装

7）把加热床平台的光轴固定到 Y 轴底座上，并用扎带锁紧光轴四角，如图 5-15 所示。

图 5-15　Y 轴底座和加热床平台固定

8）安装 Y 轴电动机：用螺钉将 Y 轴电动机固定在电动机固定座上，如图 5-16 所示。

图 5-16　安装 Y 轴电动机

9）安装 Y 轴同步带：将同步带一端绕过 Y 轴电动机齿轮，另一端绕过 Y 轴电动机被动轮，中间在亚克力平台下面用螺钉固定，如图 5-17 所示。

10）固定打印平台：用夹子将玻璃板固定在加热平台上，四角对齐，如图 5-18 所示。

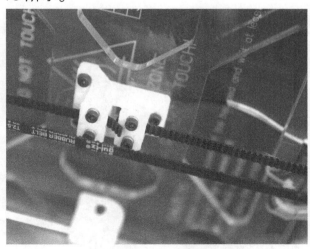

图 5-17　安装 Y 轴同步带

图 5-18　固定打印平台

至此，整个 Y 轴机械部分和加热平台就组装成功了。

5.1.2.4　X 轴平台组装与安装

1）把 605 轴承安装到 X 轴被动轮座上，两侧各需要一个平垫片，用 M5 螺钉和自锁螺母固定到打印件上，如图 5-19 所示。

2）把 4 个线性轴承分别安装到 X 轴打印件内部（**可使用橡皮锤子把线性轴承安装到打印件内部，注意一定不要损坏打印件**），如图 5-20 所示。

图 5-19　安装 X 轴被动轮轴承

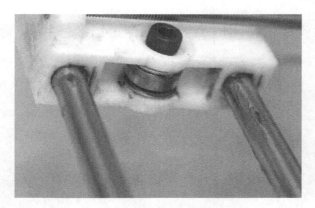

图 5-20　安装线性轴承到 X 轴打印件

3）把线性轴承插入到光轴上，注意底边插入两个，顶端插入一个，并把光轴安装到 X 轴打印件上，如图 5-21 所示。

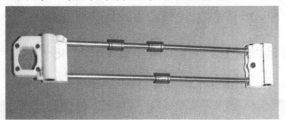

图 5-21　线性轴承插入光轴

4）使用台虎钳把两个 Z 轴移动的螺母夹入螺母座里面，如图 5-22 所示。

图 5-22　Z 轴移动螺母安装

5）X 轴安装：将 M5 丝杠分别穿过组装好的 X 轴平台，如图 5-23 所示。

图 5-23　丝杠和 X 轴平台连接

6）使用联轴器连接 Z 轴步进电动机和 M5 丝杠，光轴插入电动机座 M8 孔中，如图 5-24 所示。

图 5-24　联轴器连接

7）将同步带轮安装到 X 轴步进电动机上，并把 X 轴步进电动机安装到电动机座上，用螺钉固定，如图 5-25 所示。

图 5-25　安装 X 轴步进电动机

8）使用螺钉固定光轴顶部亚克力件，如图 5-26 所示。

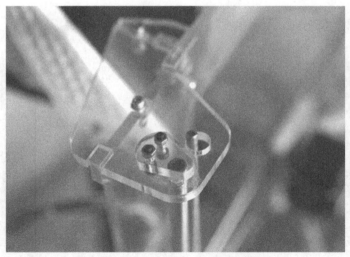

图 5-26　固定光轴顶部亚克力件

5.1.2.5　挤出机组装

1）将挤出齿轮安装到步进电动机输出轴处，安装挤出机弹簧座和压紧轮，如图 5-27 所示。

图 5-27　挤出机安装

2）把一体挤出头安装到挤出头座上，如图 5-28 所示。

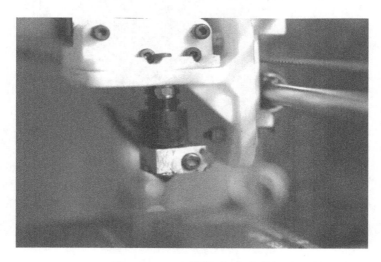

图 5-28　一体挤出头安装

3）把挤出头座安装到步进电动机上，并固定到 X 轴连接件上，如图 5-29 所示。

图 5-29 挤出装置与 X 轴连接件固定

4）将 X 轴连接件安装到 X 轴轴承座上，用扎带将 X 轴的轴承座固定到 X 轴轴承上，如图 5-30 所示。

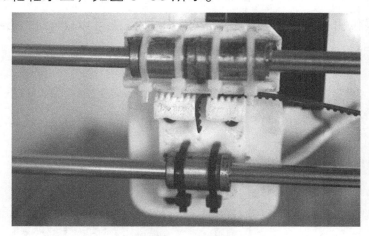

图 5-30 X 轴连接件固定

5）安装 X 轴同步带：一端先固定在轴承座上，然后绕过 X 轴电动机齿轮，再绕过另一端轴承，最后在轴承座上固定，如图 5-31 所示。

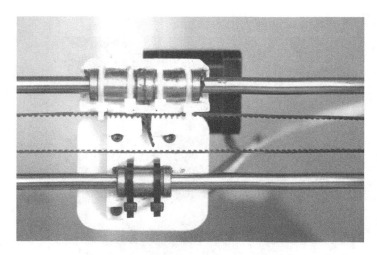

图 5-31　X 轴同步带安装

5.1.2.6　电子设备安装

1）分别安装 X、Y、Z 轴限位开关。把限位开关夹子穿过光轴，然后把限位开关放到夹子里，用螺钉固定就可以了。图 5-32～图 5-34 分别是 X 轴、Y 轴、Z 轴限位开关安装。

图 5-32　X 轴限位开关安装

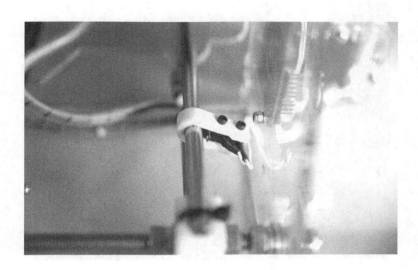

图 5-33　Y 轴限位开关安装

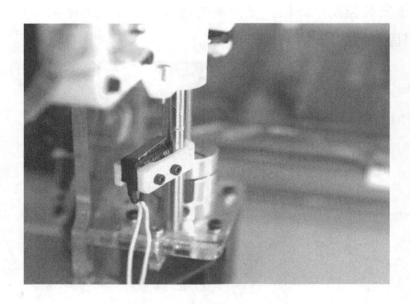

图 5-34　Z 轴限位开关安装

2）安装电源：使用 M3 螺钉将电源安装到侧边亚克力框架上，如图 5-35 所示。

图 5-35   电源安装

3）安装控制电路板：把控制电路板放在亚克力框架的另一侧，用螺钉固定，如图 5-36 所示。

图 5-36   安装控制电路板

5.1.2.7　组装电路图

如图 5-37 所示，从左到右接线顺序分别是：X 轴步进电动机（一般情况下颜色是红、蓝、绿、黑）、Y 轴步进电动机、Z 轴步进电动机、挤出机步进电动机、12V 电源接线（靠近电动机接线端的为正极）、加热床接线、加热头接线、风扇接线、X 轴限位开关接线，Y 轴限位开关接线、Z 轴限位开关接线、加热床温度探头接线、加热头温度探头接线。

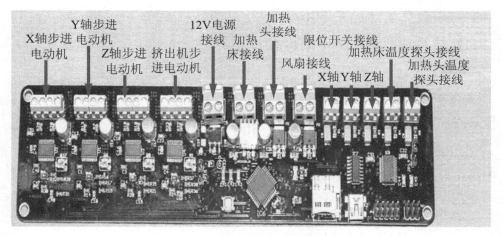

图 5-37　组装电路图

按正确顺序接好线以后，用扎带将导线整齐地捆扎起来，Prusa i3 3D 打印机的组装就大功告成了。

5.2　Kossel Mini 3D 打印机组装

5.2.1　打印机特点和性能指标

Kossel Mini 3D 打印机基于 Rostock 3D 打印机，是三角形结构的 3D 打印机，打印速度快，框架稳定，打印质量高，在 3D 打印机爱好者中越来越受到青睐。其性能指标如下：

运动速度：三轴速度均为 320mm/s。

运动分辨率：100steps/mm。

往复运动误差：小于 0.03mm。

打印体积：直径为 170mm，高度为 240mm（圆柱形）。

机器尺寸：底边 300mm 宽三角形，高度 600mm。

打印表面：加热高硼硅玻璃板。

打印头质量：小于 50g。

整体部件数量：小于 200 个部件。

价格：小于 3500 元。

5.2.2　组装流程

5.2.2.1　型材框架组装

安装后的主体框架如图 5-38 所示。

图 5-38　安装后的主体框架

1）将螺钉分别安装到三个电动机座上，如图 5-39 所示。

2）将 240mm 型材分别安装到电动机座上，对准铝型材的缺口插入，并推到位置，如图 5-40 所示。

一共三组角部件，分别进行组装，如图 5-41 所示。

3）按图 5-42 所示方向，将三个电动机座组装到一起。

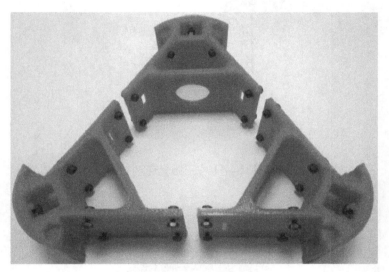

图 5-39　电动机座

图 5-40　铝型材与电动机座连接

图 5-41 三组角部件

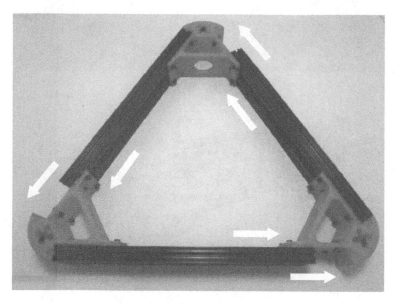

图 5-42 连接三组电动机座

4）锁紧电动机座螺钉，如图 5-43 所示。

图 5-43　锁紧螺钉

5）将 M3 螺钉安装到顶部三角连接件上，如图 5-44 所示。

图 5-44　顶角连接件

6）使用 M3×25mm 螺钉将 F623ZZ 轴承安装到被动带轮座上，安装顺序为 M3×25mm 螺钉-垫片-F623ZZ 轴承-F623ZZ 轴承-3

个垫片–M3 螺母，如图 5-45 所示。

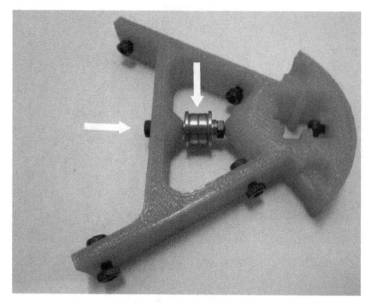

图 5-45　安装轴承

7）和底部角部件相同，将铝型材固定在顶端三角连接件上，如图 5-46 所示。

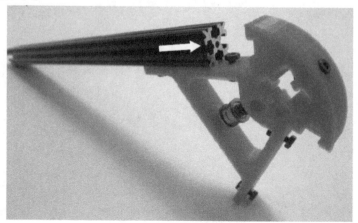

图 5-46　铝型材固定

8）将顶端三角组装成整体，安装到位，注意要不留缝隙，先不要锁紧螺钉，如图 5-47 所示。

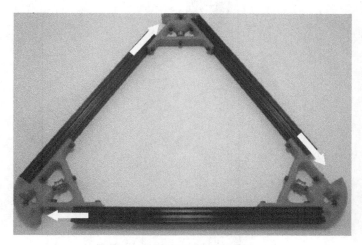

图 5-47　顶端三角安装

9）安装后，将上底框和下底框叠放在一起，比较一下是否一致，如图 5-48 所示。

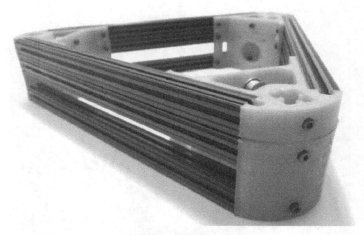

图 5-48　检查是否上下一致

5.2.2.2　线性导轨安装

1）将 600mm 铝型材分别安装到电动机座上，如图 5-49 所示。

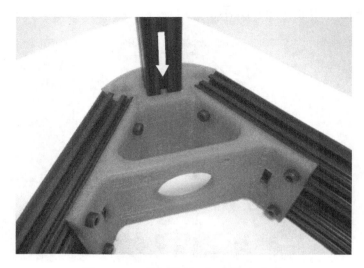

图 5-49　铝型材与电动机座安装

重复上述步骤，将三根铝型材安装到底框上，如图 5-50 所示。

图 5-50　三根铝型材分别安装

2）将 M3×8mm 螺钉和 M3 螺母安装到限位开关座上，如图 5-51 所示。

图 5-51　螺母与限位开关连接

3）把限位开关座分别插入铝型材中，等导轨安装完成后锁紧螺钉，如图 5-52 所示。

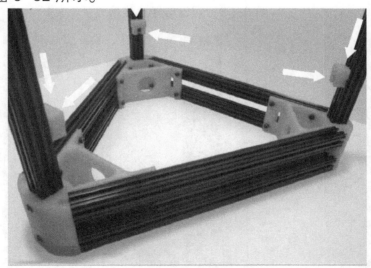

图 5-52　限位开关座安装

4）将 M3×6mm 螺钉和 M3 螺母安装到导轨上，如图 5-53 所示。

5）将导轨安装到 600mm 铝型材上，并锁紧螺钉，导轨顶端距离垂直铝型材顶部的距离为 70mm，如图 5-54 所示。

图 5-53　螺母与导轨连接

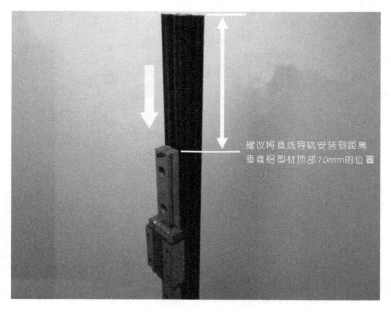

建议将直线导轨安装到距离垂直铝型材顶部70mm的位置

图 5-54　导轨与铝型材连接

6）将底部限位开关座固定到导轨底部，并锁紧螺钉，如图 5-55 所示。

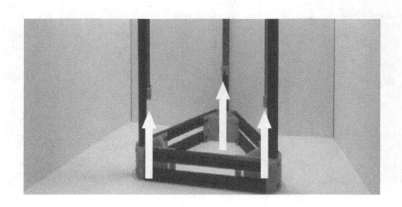

图 5-55　底部限位开关座固定

7）安装顶端限位开关座到直线滑轨的顶部，并锁紧螺钉，如图 5-56 所示。

图 5-56　顶端限位开关安装

8）将 M3×8mm、M3×16mm 螺钉安装到滑块座上，组装好三个滑块推杆座，如图 5-57 所示。

图 5-57　组装滑块推杆座

9）将滑块推杆座安装到滑块上，对准螺钉孔，并锁紧螺钉，如图 5-58 所示。三个滑块座位置如图 5-59 所示。

图 5-58　安装滑块推杆座

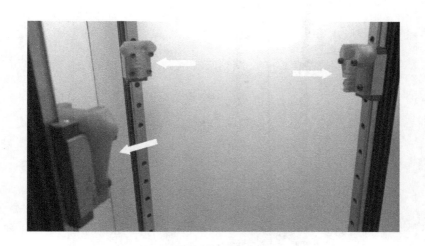

图 5-59　三个滑块座位置

10）将 M3 自锁螺母安装到滑块推杆座联动臂连接的螺钉孔内，如图 5-60 所示。

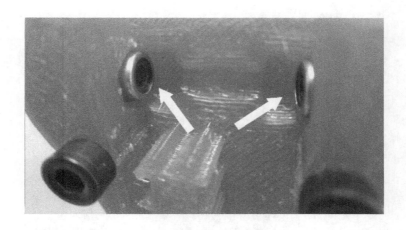

图 5-60　自锁螺母与螺钉孔连接

11）安装顶端框架，将顶端三角安装到框架上，并锁紧螺钉，如图 5-61 所示。

图 5-61　安装顶端框架

安装时注意离框架顶部 15mm 将顶框上的 M3×8mm 螺钉拧紧，如图 5-62 所示。

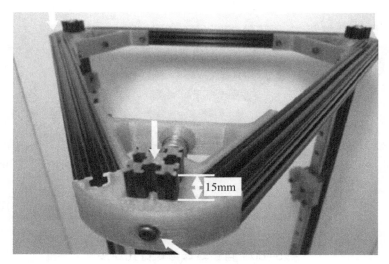

图 5-62　顶部位置

12）安装同步带松紧调整螺钉：插入螺钉，下面安装上 M3 螺母，如图 5-63 所示。

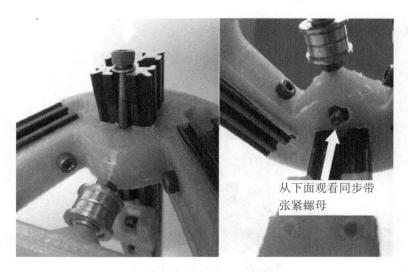

从下面观看同步带
张紧螺母

图 5-63　同步带松紧调整螺钉安装

5.2.2.3　步进电动机安装

1）将步进电动机同步带轮安装到步进电动机出轴上，并用顶丝锁紧，如图 5-64 所示。

图 5-64　同步带轮与步进电动机连接

2）使用 M3×8mm 螺钉将步进电动机固定到框架的电动机座

上，并锁紧螺钉，如图 5-65 所示。

图 5-65　固定步进电动机

5.2.2.4　同步带安装

1）将同步带绕过滑块座同步带固定座上，并留出 40mm（图 5-66），用扎带扎紧同步带，如图 5-67 所示。

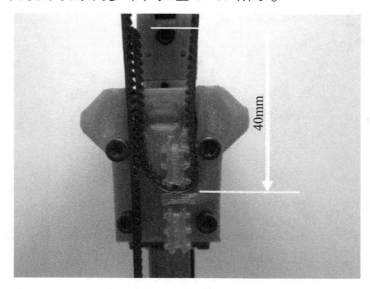

图 5-66　同步带在滑块固定座的位置

图 5-67　扎紧同步带

2）将同步带绕过顶端和底端步进电动机同步带轮上，拉紧同步带，使用上面方法将另一端同步带安装到同步带座上，如图 5-68 所示。

建议留出 40mm 的距离，留出以后调整的空间，如图 5-69 所示。

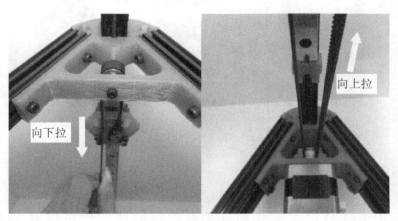

图 5-68　同步带安装

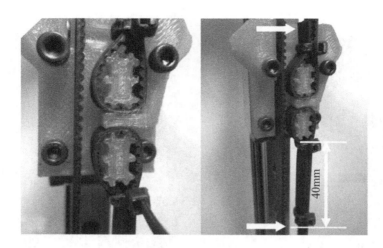

图 5-69　同步带位置

3）安装完同步带，调整顶端张紧螺钉，将三条同步带的松紧度调成一致。最后锁紧三角连接件与铝型材之间的固定螺钉，如图 5-70 所示。

图 5-70　调整松紧度

5.2.2.5　联动臂组装

1）用 M4 丝锥在球头扣连接处轻轻旋转制作出标准 M4 螺纹（球头扣连接处内部无螺纹，制作出螺纹方便顶丝安装），将

M4x20mm 顶丝安装到球头扣上，最后把球头装入球头扣中，如图 5-71、图 5-72 所示。

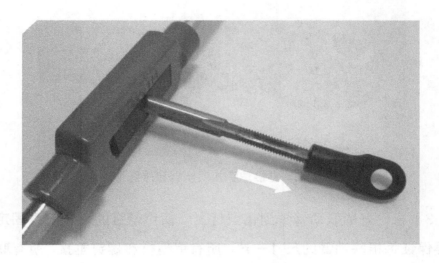

图 5-71　制作出标准 M4 螺纹

图 5-72　安装球头与球头扣

2）球头扣顶丝端和碳纤维管之间使用二合一胶粘牢，如图 5-73 所示。

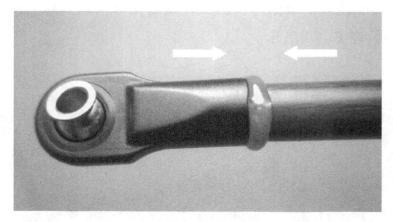

图 5-73　粘接球头扣顶丝端和碳纤维管

3）将粘好的联动臂放到铝型材上，使用螺钉固定（**注意固定时需要保证每根联动臂的尺寸一致，所有铝型材和螺钉垂直，所有联动臂推杆和槽保证平行**），放置一定时间让胶水达到最大的强度，如图 5-74 所示。

图 5-74　固定联动臂

4）组装完成后，大约 10h 后胶水达到最佳强度，检查 6 根推杆长度是否一致，如图 5-75 所示。

图 5-75　检查是否一致

5.2.2.6　挤出头安装

1）把 M3 自锁螺母安装到挤出头固定座上（中心控制块）：将 M3×25mm 螺钉穿过固定座，另一端拧上 M3 自锁螺母，然后向外拉 M3×25mm 螺钉，让自锁螺母嵌入固定座上，如图 5-76 所示。安装后的效果如图 5-77 所示。

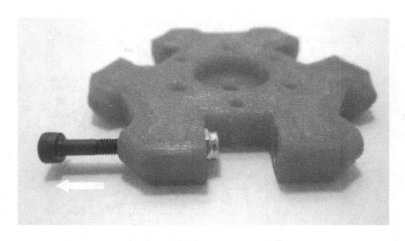

图 5-76　安装自锁螺母与挤出头固定座

图 5-77　安装后的效果

2）使用丝锥在气嘴固定处（固定座中间）内部旋转，使得内部形成 M5 的螺纹，将气嘴安装在气嘴固定处，如图 5-78、图 5-79 所示。

图 5-78　形成 M5 的螺纹

图 5-79　固定气嘴

3）将联动臂安装到挤出头固定座上：首先用 M3×25mm 螺钉穿过顶端推杆的球头，然后将螺钉拧到对应的位置，如图 5-80、图 5-81 所示。

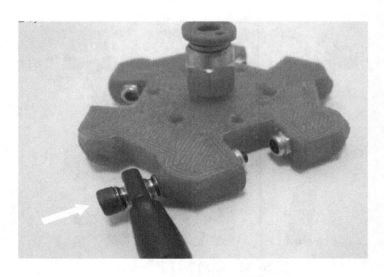

图 5-80　联动臂与固定座连接

147

图 5-81　连接后的效果

4）将联动臂另一端固定到滑块座上：用 M3×20mm 螺钉穿过另一端推杆的球头，连接滑块座并拧紧固定，如图 5-82 所示。

5）组装联动臂推杆，完成效果如图 5-83 所示。

图 5-82　联动臂与滑块座连接

图 5-83 联动臂连接后的效果

6）将挤出头固定到挤出头固定座上（图 5-84 中为金属挤出头，使用金属挤出头时，要求 ABS 打印件固定，并且需加风扇散热）。

本书中安装的是标准 J-Head 挤出头，如图 5-85 所示。

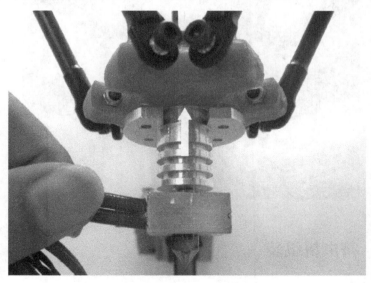

图 5-84 挤出头固定

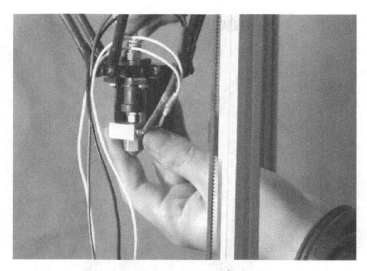

图 5-85　J-Head 挤出头固定

7）对准安装孔，在固定座上面使用 2 个 M3×20mm 螺钉固定，用 2 个 M3×16mm 螺钉穿过固定座，如图 5-86 所示。

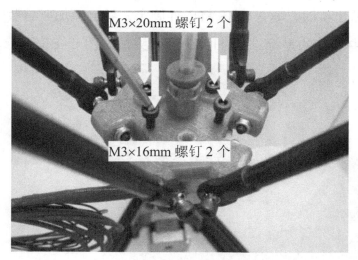

图 5-86　螺钉固定

5.2.2.7　挤出机组装

1）将挤出齿轮安装到挤出步进电动机出轴上，挤出齿轮的顶丝正好安装到步进电动机出轴的 U 形槽内，如图 5-87 所示。

2）挤出机主体组装：先将 M5 自锁螺母压进挤出机打印件一侧，然后在另一侧用 M5×20mm 螺钉将 625ZZ 轴承安装到挤出机主体打印件上，并适当锁紧螺母，如图 5-88 所示。**注意：如果螺钉拧得太紧，轴承就不能转动，起不到压料轮的作用了。**

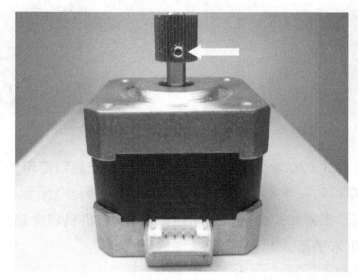

图 5-87　挤出齿轮与步进电动机组装

图 5-88　挤出机主体组装

3）将挤出机主体打印件安装到步进电动机上，并锁紧 M3×8mm 螺钉，如图 5-89 所示。

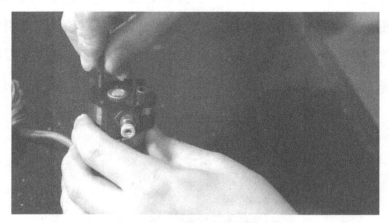

图 5-89 挤出机主体与步进电动机连接

4）将 M3×20mm 螺钉和 M3 自锁螺母安装到打印件主体上，适当拧紧螺钉让轴承刚好压住打印材料，如图 5-90 所示。**注意：不要拧得太紧，太紧物料会被挤出机压成扁状，挤出机将会超负载运转，甚至不能正常挤出。**

图 5-90 适当调节螺钉

5）用丝锥在出料口处旋转，使内部形成 M5 的螺纹，将气嘴安装到挤出机出料口处，如图 5-91 所示。

图 5-91　安装气嘴

6）在铝型材上安装挤出机固定座，最后使用扎带将挤出机固定到挤出机固定座上，如图 5-92 所示。

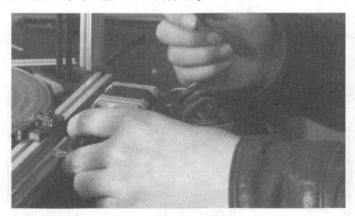

图 5-92　固定挤出机

7）连接挤出头和挤出机之间的导管：PFA 导管长 550mm，要保证中心运动在任何方向都可以顺利供丝，挤出管在任何高度和角度都是平滑的弧线。

5.2.2.8　加热平台安装

本书 Kossel Mini 3D 打印机采用 FSR 调平方式。

1）将 3 个 FSR 固定座分别安装到底边框架型材上，如图 5-93 所示。

图 5-93　安装 FSR 固定座

2）撕掉 FSR 保护膜，将 FSR 背面粘贴到 FSR 固定座上，如图 5-94 所示。

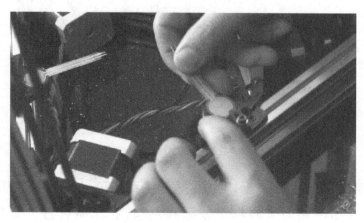

图 5-94　粘贴 FSR

3）使用双面胶粘贴到 FSR 上。

4）将加热平台玻璃板粘到双面胶上固定，并使用 FSR 座上面的挡块固定，如图 5-95 所示。

图 5-95　固定加热平台

5.2.2.9　电子设备安装

1）使用 M2.5×16mm 螺钉将限位开关固定到限位开关座上。确保各轴滑块撞击开关时，都能让开关准确触发，如图 5-96、图 5-97 所示。

图 5-96　固定限位开关

图 5-97　限位开关位置

2）使用 M3×25mm 的螺钉将控制电路板固定在顶部铝型材上，如图 5-98 所示。

图 5-98　固定控制电路板

5.2.2.10 组装电路图

按图 5-99 所示接好各个接线后，Kossel Mini 3D 打印机成功完成组装，如图 3-4 所示。

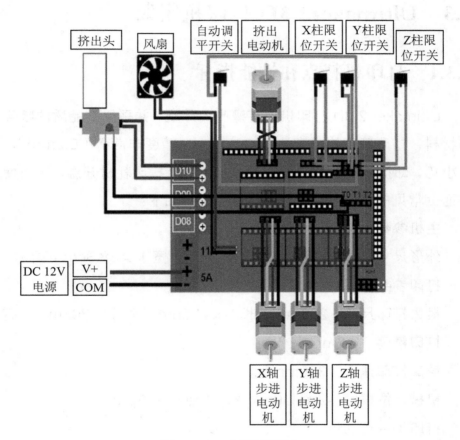

图 5-99 电路接线图

注意：

1）使用 FSR 加热床调平方式时，FSR 需要连接到自动调平开关端口上。

2）本书组装的 3D 打印机使用了 FSR 调平方式，也可以使用调平开关调平方式。

3）本书中加热床接线在"D08"接线上，加热床温度探头接在"T1"端口，如只需打印 PLA 材料，可以不连接"D08"和"T1"端口。

5.3 Ultimaker2 3D 打印机组装

5.3.1 打印机特点和性能指标

Ultimaker 2 3D 打印机拥有漂亮的外观，并采用高品质的零部件和材料，打印速度快（高达 300mm/s），精度非常高（0.2mm），机身小巧，却拥有同类产品最大的打印尺寸，打印耗材开源，可以使用市面上常见的 3D 打印耗材，其性能指标如下：

主机参数：

外形尺寸：35.7cm（长）×34.2cm（宽）×38.8cm（高）。

打印参数：

最大打印尺寸：230mm（长）×225mm（宽）×205mm（高）。

打印精度：0.2mm。

最高打印速度：300mm/s。

机械定位精度：Z 轴 5μm，X、Y 轴 5～12μm。

打印平台可加热。

5.3.2 组装流程

5.3.2.1 框架组装

1）安装主体框架，如图 5-100 所示。

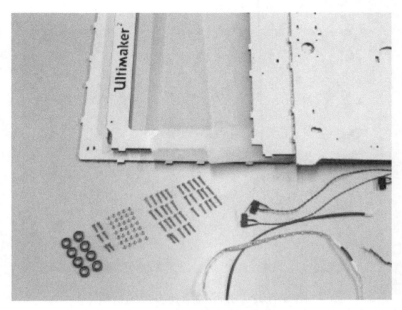

图 5-100　安装主体框架

2）撕下亚克力板和铝塑板的保护膜，如图 5-101 所示。

图 5-101　撕下保护膜

3）去除轴承孔多余的材料，如图 5-102 所示。

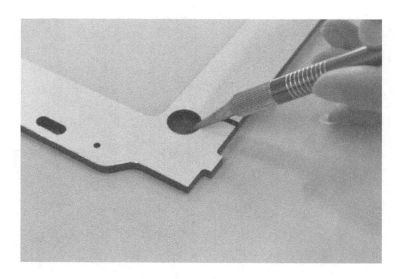

图 5-102　去除轴承孔多余的材料

4）使用软锤将 F688 轴承嵌入轴承孔内，如图 5-103 所示。

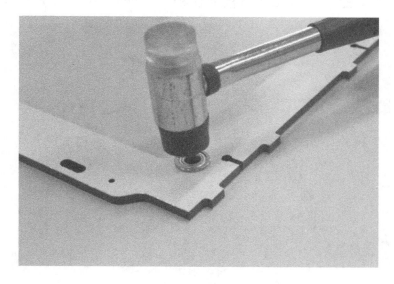

图 5-103　将 F688 轴承嵌入轴承孔

5）依次将 8 个轴承全部嵌入轴承孔内，如图 5-104 所示。

图 5-104　轴承全部嵌入轴承孔内

6）使用 6 个 M3×12mm 螺钉将限位开关安装到主框架上（注意螺钉不可以拧得过紧），如图 5-105 所示。分别将红色线的限位开关安装到左侧框架（限位开关簧片朝向上方一测），如图 5-106 所示；将蓝色线的限位开关安装到框架顶部（限位开关簧片朝向内侧），如图 5-107 所示；将黑色线的限位开关安装到框架底部（限位开关簧片朝里），如图 5-108 所示。全部限位开关安装位置如图 5-109 所示。

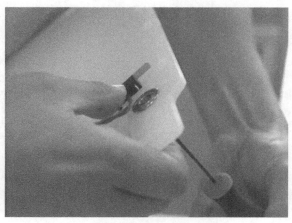

图 5-105　安装限位开关

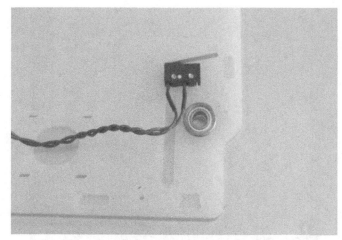

图 5-106 红色线的限位开关安装位置

图 5-107 蓝色线的限位开关安装位置

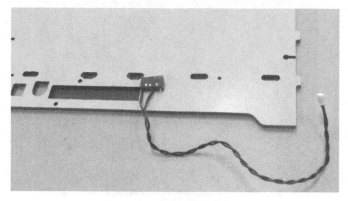

图 5-108 黑色线的限位开关安装位置

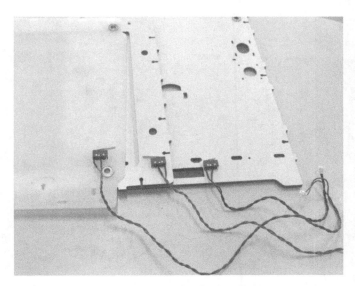

图 5-109　全部限位开关安装位置

7）使用尖嘴钳将方形螺母嵌入框架 T 形槽内，如图 5-110 所示。

图 5-110　安装方形螺母

8）依次将所有方形螺母嵌入框架 T 形槽内，如图 5-111 所示。

图 5-111　将所有方形螺母嵌入框架 T 形槽内

9）清理框架的表面，依次将 LED 灯带粘贴到前面板（T 形螺母槽的一侧），如图 5-112 所示，全部灯带安装位置如图 5-113 所示。

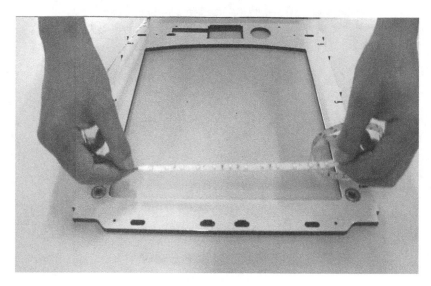

图 5-112　安装灯带

图 5–113　全部灯带安装位置

10）将顶部和底部面板安装到后面板上，最后安装前面板，如图 5–114 所示。

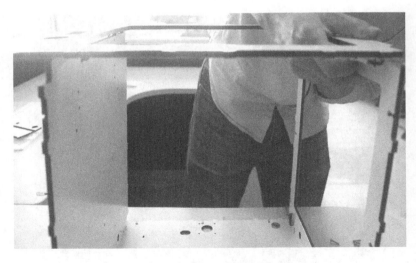

图 5–114　安装面板

11）用 M3×16mm 螺钉锁紧所有面板（注意不能拧得太紧，后面还需要调整、校准），如图 5–115 所示。

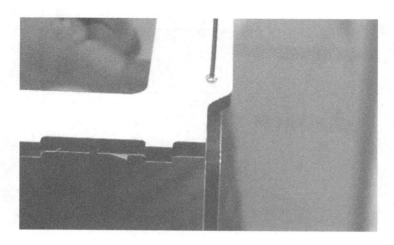

图 5-115　面板螺钉安装

12）将侧板安装到主体框架上并使用 M3×16mm 螺钉锁紧（注意不能拧得太紧，后面还需要调整和校准），如图 5-116 所示。

图 5-116　安装侧板

13）将机器人贴纸粘到侧板上，如图 5-117 所示。

图 5-117　粘贴机器人贴纸

14）将 SD 卡贴纸粘到前面板上，如图 5-118 所示。

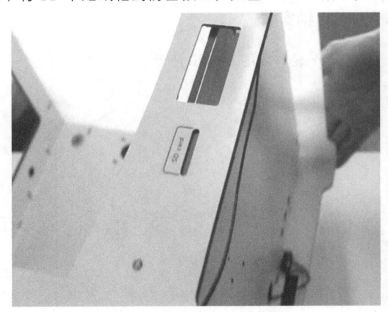

图 5-118　粘贴 SD 卡贴纸

15）使用软锤将所有面板紧密贴合，并尽量让所有面垂直，锁紧全部框架螺钉，如图 5-119 所示。

167

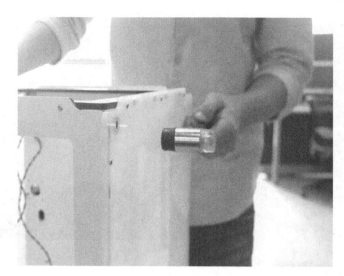

图 5-119　调整框架

5.3.2.2　X、Y 轴安装

1）安装 X、Y 轴，如图 5-120 所示。

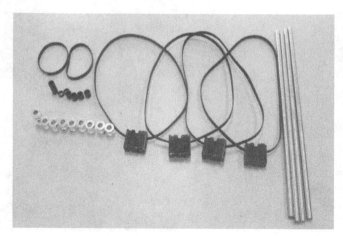

图 5-120　安装 X、Y 轴

2）将 M4×4mm 顶丝安装到所有同步带轮上，注意安装顶丝时不能影响光轴的插入，如图 5-121 所示。

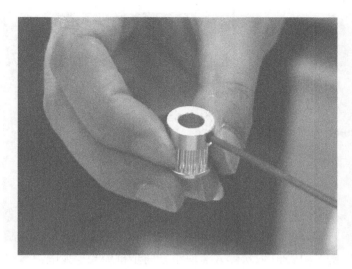

图 5-121　安装顶丝

3）选择较短一组光轴中的一根插入机器左前方孔内，套入 10mm 尼龙隔离套，再套入同步带轮（同步带轮宽的一侧朝向框架内侧），如图 5-122 所示。

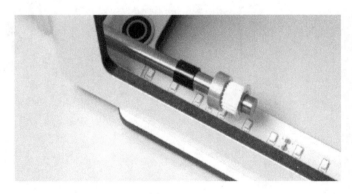

图 5-122　穿入光轴

4）将滑块组、同步带轮（同步带轮宽的一侧朝向框架内侧）、10mm 尼龙隔离套依次套入光轴，并将两滑块组同步带安装到两个同步带轮上，如图 5-123 所示。

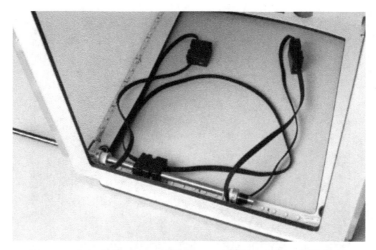

图 5-123　依次套入滑块组、同步带轮和尼龙隔离套

5）将光轴穿过面板，直到框架另侧，如图 5-124 所示。

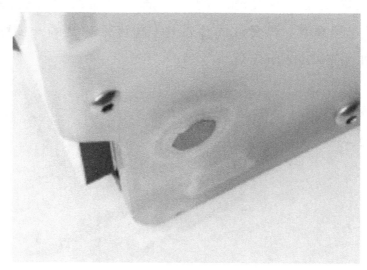

图 5-124　光轴穿过面板，直到框架另侧

6）将另一根短光轴穿过左侧面板轴承内，将双同步带轮套入光轴，并将短同步带套入（同步带一定要靠近框架内侧），将前面安装好的长同步带套入双同步带轮，再套入滑块组，如图 5-125 所示。

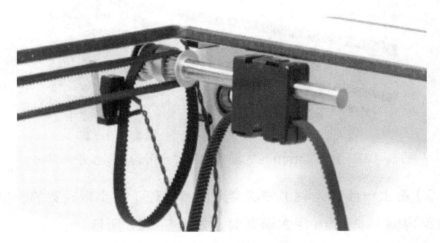

图 5-125　套入双同步带轮、滑块组

7）套入同步带轮（同步轮宽的一侧朝向框架内侧）和 10mm 尼龙隔离套，并将光轴整根插入框架轴承孔内，直到和面板外侧平齐，如图 5-126 所示。

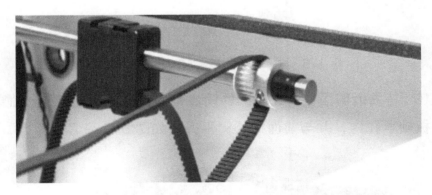

图 5-126　套入同步带轮和 10mm 尼龙隔离套

8）将光轴插入后面板左侧的轴承孔内，依次套入 25mm 尼龙隔离套、同步带轮（同步带轮宽的一侧朝向框架内侧）。将后部的同步带套入同步带轮上，将光轴穿入悬空的滑块组内，如图 5-127 所示。

图 5-127　套入 25mm 尼龙隔离套、同步带轮、同步带、滑块

9）在上一步的光轴上依次套入同步带轮（同步带轮宽的一侧朝向框架内侧）、10mm 尼龙隔离套，如图 5-128 所示。

图 5-128　套入同步带轮、10mm 尼龙隔离套

10）将靠近前面板的光轴上的同步带套入同步带轮，将光轴穿过前面板轴承孔内，并与前面板外侧平齐，如图 5-129 所示。

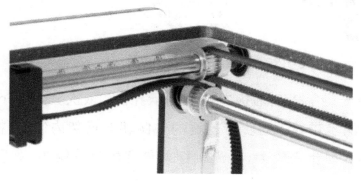

图 5-129　套入同步带轮，穿入前面板轴承孔

11）从后面板穿入最后一根光轴，并套入同步带轮（同步带轮窄的一侧朝向框架内侧）和短同步带，如图 5-130 所示。

图 5-130　穿入后面板，套入同步带轮、同步带

12）将光轴依次套入 10mm 尼龙隔离套、同步带轮（同步带轮宽的一侧朝向框架内侧），如图 5-131 所示。

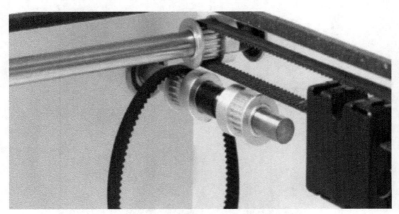

图 5-131　套入 10mm 尼龙隔离套、同步带轮

13）将一侧光轴上的同步带套入第二个同步带轮，并将光轴穿入悬空的滑块组内，再套入同步带轮（同步带轮宽的一侧朝向框架内侧）、5mm 尼龙隔离套。最后将光轴插入前面板，并与前面板外侧平齐，如图 5-132 所示。

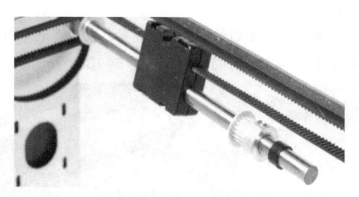

图 5-132 套入同步带轮、5mm 尼龙隔离套

14）将同步带轮内顶丝轻轻锁紧（注意不要拧得太紧，接下来还要调整），前后左右移动滑块并适当调整同步带轮的顶丝，使各轴移动顺滑，X、Y 轴移动时互相垂直，最后锁紧全部同步带轮顶丝。

15）安装 X、Y 轴步进电动机，配件如图 5-133 所示。

图 5-133 安装 X、Y 轴电动机及配件

16）将同步带轮安装到两个步进电动机轴上，同步带轮外侧需要与步进电动机轴齐平，使用 M4×4mm 顶丝锁紧步进电动机轴，如图 5-134 所示。

图 5-134 安装同步带轮

17）使用 M3×25mm 螺钉将步进电动机支架固定到框架上，如图 5-135 所示。

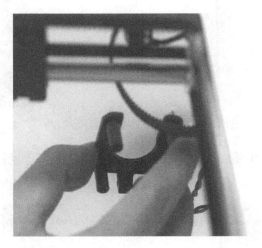

图 5-135 安装步进电动机支架

18）将步进电动机同步带轮绕过同步带，电动机四个螺钉孔正对电动机座的螺钉孔，并拧紧背部电动机固定螺钉（注意不要拧得过紧，调整同步带松紧后才锁紧），如图 5-136 和图 5-137 所示。

图 5-136 安装步进电动机

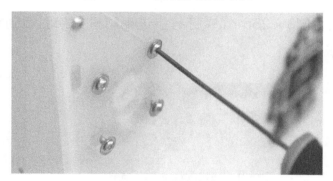

图 5-137 固定步进电动机

19）重复以上步骤，将两个步进电动机安装到框架上，如图
5-138 所示。

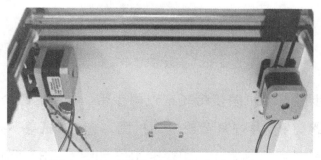

图 5-138 安装 X、Y 轴步进电动机

20）轻微移动步进电动机，使同步带松紧适当（注意同步带不能过松或过紧），保持电动机位置并锁紧背部 4 颗螺钉。重复以上步骤，将 X、Y 轴电动机调整到最佳位置，如图 5-139 所示。

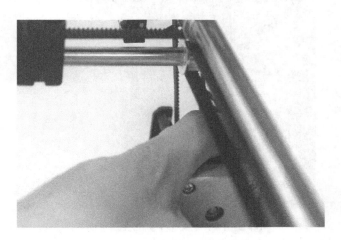

图 5-139　调整同步带松紧

5.3.2.3　Z 轴平台安装

1）使用 4 个 M3×10mm 螺钉将丝杠螺母固定到铝板上，注意螺钉不要拧得过紧，以后的步骤还需要调整，如图 5-140 所示。

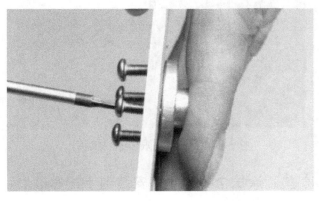

图 5-140　安装丝杠螺母

2）分别使用 4 个 M4×10mm 螺钉将法兰轴承固定到铝板的两端，注意螺钉不要拧紧，以后的步骤再调整螺钉，如图 5-141 所示。

图 5-141　安装两个法兰轴承

3）将 M3×20mm 螺钉安装到铝板限位开关调整孔内，如图 5-142 所示。

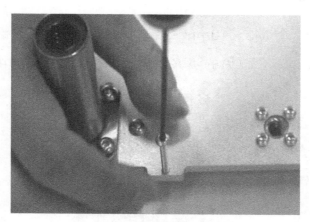

图 5-142　安装限位开关螺钉

4）将 M6 垫片涂抹含铜硅脂并安装到手拧螺母上，如图 5-143 所示。

图 5-143 安装垫片

5）将上一步的三个手拧螺母穿过加热铝板并套入弹簧，如图 5-144 所示。

图 5-144 套入弹簧

6）分别使用 2 个 M3×8mm 螺钉和 2 个自锁螺母将两个加热铝板后玻璃夹固定，如图 5-145 所示。

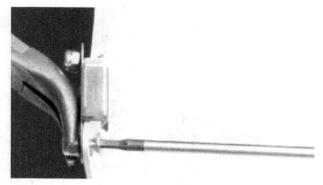

图 5-145　加热铝板后玻璃夹固定

7）将加热板放铝板上面，并使用 M3x20mm 螺钉固定，如图 5-146 所示。

图 5-146　加热板和铝板固定

8）分别使用 M3x20mm 螺钉将加热铝板、2 个前玻璃夹固定到铝板上，如图 5-147 所示。

图 5-147　加热铝板前玻璃夹固定

9）扭动加热铝板的手拧螺母，使三个手拧螺母和螺钉齐平，如图 5–148 所示。

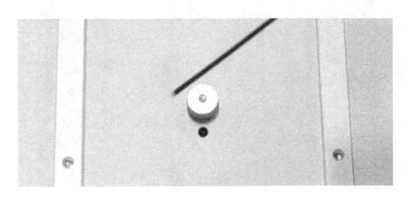

图 5–148　调整螺母与螺钉齐平

10）使用 2 个 M3×10mm 螺钉将线缆夹和加热铝板电线固定，如图 5–149 所示。

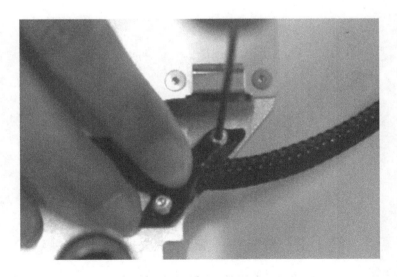

图 5–149　固定线缆夹和加热铝板电线

11）剥去加热铝板电线的外皮，如图 5–150 所示。

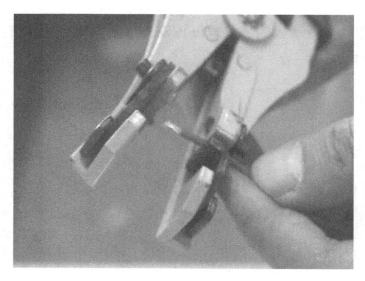

图 5-150　剥去加热铝板电线外皮

12）将两个 Z 轴光轴从下面板插入，注意不要将光轴插到顶部，如图 5-151 所示。

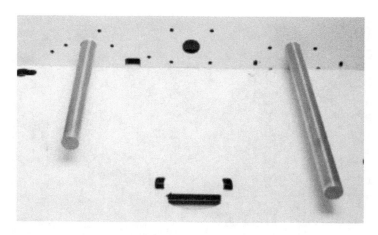

图 5-151　插入 Z 轴光轴

13）将已经组装好加热平台的两个法兰轴承穿入 Z 轴光轴，注意往机箱内放入加热平台时，需要垫张纸以防止加热平台划伤背板，如图 5-152 所示。

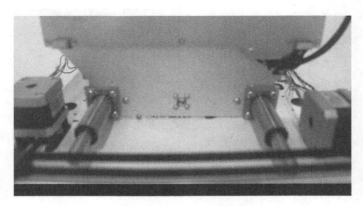

图 5-152 装入加热平台

14）将光轴穿过 Z 轴挡板，如图 5-153 所示。

图 5-153 装入 Z 轴挡板

15）将两根光轴插入顶部光轴孔内，确保光轴底部平面与底板外表面齐平，并分别使用 M3x10mm 螺钉将两个 Z 轴固定座固定，如图 5-154 所示。

16）将 Z 轴步进电动机从底部面板穿入，丝杠对准丝杠螺母并旋入，将步进电动机导线放入线槽内，最后使用 M3×10mm 螺钉固定 Z 轴步进电动机，如图 5-155～图 5-157 所示。

图 5-154 安装 Z 轴固定座

图 5-155 穿入 Z 轴步进电动机

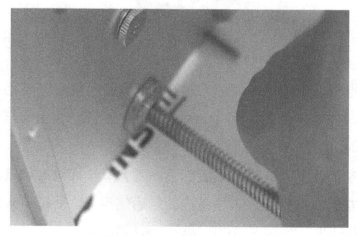

图 5-156 旋入丝杠

图5-157　固定Z轴步进电动机

17）向上升起Z轴加热平台（旋转Z轴丝杠），在底部面板上放入三个辅助调平支撑杆，如图5-158所示。

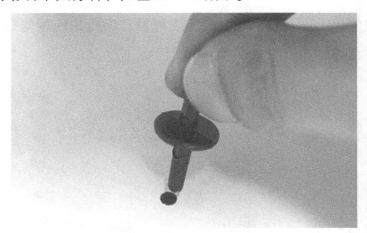

图5-158　放入辅助调平支撑杆

18）旋转Z轴丝杠，上下移动Z轴加热平台，使Z轴平台移动顺畅，并保证Z轴加热平台正好落在三颗辅助调平支撑杆上，最后固定法兰轴承所有的螺钉（**注意固定螺钉时要一颗一颗固定，固定好一颗螺钉后需要上下移动Z轴加热平台，并保证Z轴加热平台移动顺畅，反复操作固定全部螺钉**），如图5-159所示。

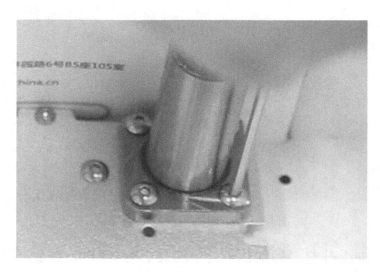

图 5-159　固定 Z 轴法兰轴承螺钉

19）使用上面同样的方法，固定好丝杠螺母的四颗螺钉，并使 Z 轴加热平台移动顺畅，如图 5-160 所示。

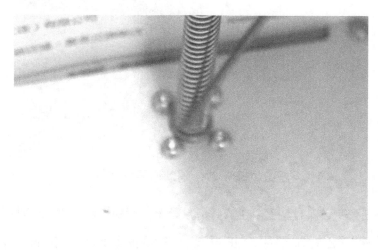

图 5-160　固定 Z 轴丝杠螺母

20）使用 2 个 M3×16mm 螺钉从底部将 Z 轴挡板固定，如图 5-161 所示。

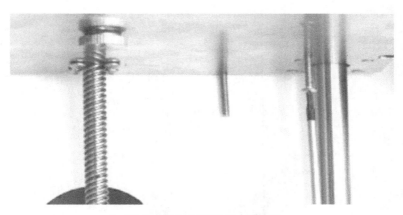

图 5-161　固定 Z 轴挡板

5.3.2.4　挤出机安装

1）将挤出轮安装到挤出机电动机出轴上，保持挤出轮顶部与电动机出轴齐平，如图 5-162 所示。

图 5-162　固定挤出轮

2）将轴承放入两片塑料轴承座中，并扣紧塑料轴承座，如图 5-163 所示。

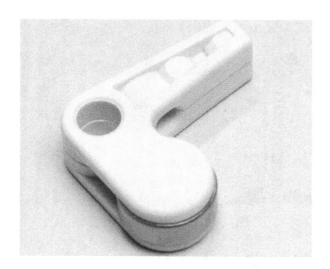

图 5-163　安装挤出机轴承

3）将 M3 螺母放入 T 形调整杆的螺母孔内，并拧上 M3×20mm 螺钉，如图 5-164 所示。

图 5-164　安装 T 形调整杆

4）将塑料轴承座、弹簧、T 形调整杆装入挤出机外壳内，最后装上管接头，如图 5-165 所示。

图 5-165　安装轴承座、弹簧、T 形调整杆、管接头

5）扣上挤出机外壳的另一侧，如图 5-166 所示。

图 5-166　安装挤出机外壳

6）将挤出电动机从框架内侧穿出，挤出电动机螺钉孔需要对准框架安装的螺钉孔，将挤出机外壳对准框架外壳螺钉孔，使用 M3 × 25mm 螺钉和 M3 大垫片将挤出机外壳和挤出机电动机固定，如图 5-167 所示。

图 5-167　安装挤出机

5.3.2.5　挤出头安装

1）将X轴光轴穿过预装好的挤出头轴承中，并将X轴光轴两端压入滑块组U形卡槽内，如图5-168所示。

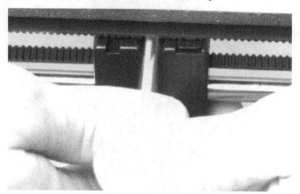

图 5-168　压入X轴光轴

2）从框架一侧的滑块组U形槽内穿入Y轴光轴，并穿入挤出头轴承，最后将Y轴光轴压入滑块组的U形槽内，如图5-169所示。

3）分别将送料管两端插入挤出头和挤出机管接头内，并用红色卡件固定，最后使用管夹套将编织线缆与送料管固定，如图5-170~图5-172所示。

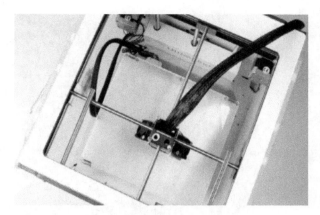

图 5-169　安装 Y 轴光轴

图 5-170　安装挤出头进料管

图 5-171　安装管夹套

图 5-172　安装挤出机进料管

5.3.2.6　电子设备安装

1）轻轻拉出液晶显示屏排线接口的固定卡子，将液晶显示屏排线插入液晶显示屏控制板排线接口内，轻推回拉出的固定卡子，如图 5-173 所示。

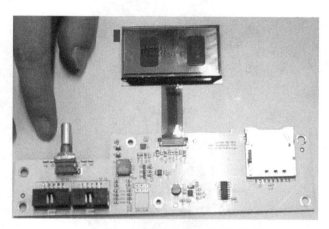

图 5-173　安装液晶显示屏排线

2）分别使用 4 个 M3×16mm 螺钉将液晶显示屏控制板尼龙柱固定，如图 5-174 所示。

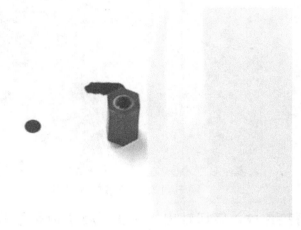

图 5-174　安装尼龙柱

3）将液晶显示屏和液晶显示屏控制板放入底部面板（注意要小心放入液晶显示屏，防止液晶显示屏的排线损坏），液晶显示屏控制板螺钉孔需要对准尼龙柱，并使用 M3×8mm 螺钉固定，如图 5-175 所示。

图 5-175　固定液晶显示屏控制板和液晶显示屏

4）将旋钮灯杯装入旋钮孔内，如图 5-176 所示。

图 5-176 安装旋钮灯杯

5）将垫片放入旋钮轴内，并使用旋钮轴螺母固定，如图 5-177 所示。

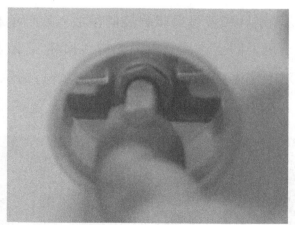

图 5-177 垫片放入旋钮轴内并固定

6）将调节旋钮插入灯杯内，如图 5-178 所示。

图 5-178 插入调节旋钮

7）按照主板电路接线图将主板上的接线全部连接好，如图 5-179 所示。

图 5-179　连接主板接线

8）使用固定液晶显示屏控制板的方法固定主板，如图 5-180 所示。

图 5-180　固定主板

9）使用 M3×16mm 螺钉、自锁螺母将液晶显示屏后盖固定，如图 5-181 所示。

图 5-181　固定液晶显示屏后盖

10）使用同样的方法将主板后盖固定，并整理好全部接线，如图 5-182 所示。

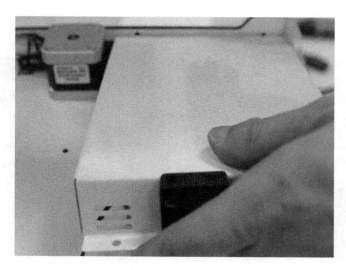

图 5-182　固定主板后盖

5.3.2.7　组装电路图

主板上各接线方法如图 5-183 所示。

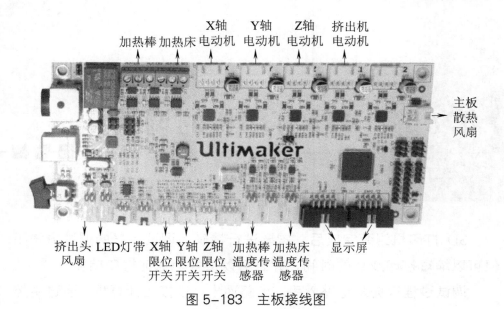

图 5-183　主板接线图

至此，Ultimaker2 3D 打印机组装成功完成。

第 6 章　3D 打印机的调试

　　3D 打印机组装完成后，需要进行精确的调试。好的调试方法不但可以缩短打印成功的时间，并且可以很好地保证打印精度。

　　调试过程应先从电路入手。电路通电，连接上计算机，通过主控软件发送一些调试指令（例如 M119 命令测试限位开关的状态），如果产生了相应的预期现象，就可以进行下一步测试；否则请仔细检查问题，从电路、机械上分析故障的原因。

　　另外，3D 打印机工作时需要放置在结实稳固的平台上。无论是3D 打印机还是桌子的微小晃动，都会对打印结果造成不良影响。3D打印机打印过程中，步进电动机还可能会产生特定频率的振动，如果桌子不够稳定，与平台产生了共振就更难保证打印结果的质量了。

　　这些微小的细节都是保障 3D 打印机正常工作、高精度打印的必要条件。

6.1　Prusa i3 3D 打印机的调试

6.1.1　打印平台的基本调试

　　打印平台的基本调试是指机械部分稳定结构的调试，包括框架和传动部分的调试。

　　3D 打印机组装完毕后，首先检查框架，看各部位螺钉有没有松动或没上紧，然后缓慢移动打印头，避免电动机产生逆向电流冲击电路，分别滑动 X、Y、Z 三轴观察是否有卡顿或者费力，有可能在安装时同一方向的两根导轨不平行，造成行程两头移动困难，这样打印平台移动就不顺畅。如果出现上述情况，可以用卡尺校准导轨之间的距离（图 6-1），先测量两个导轨光轴的距离，固定卡尺，再测量另一侧，使行程内两导轨保持平行；也可能是两侧线性轴承座安装不平行，可以通过螺钉调整位置，让两导轨尽可能平行。通过以上校准如果移动起来还有些吃力，可以对滑轨进行适当的润滑。3D 打印机 X、Y、Z 轴运动方向需要保证互相垂直，可以使用钢直尺来调整，此校准可提高打印机的整体精度。

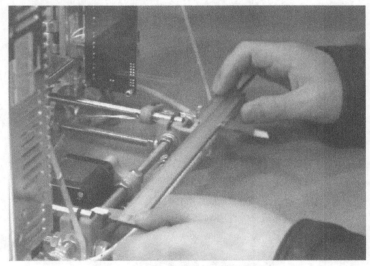

图 6-1　校准导轨之间的距离

传动部分的调试如下：

1）手动移动挤出头部分，沿 X 轴方向移动，观察滑块有无松动或者卡顿。如果有卡顿，需要检查轴杆是否光洁干净，滑块是否已经紧固且滑块内的轴承是否已经固定紧。

2）沿 Y 轴方向移动，观察滑块有无松动和卡顿。

3）同样沿 X 轴和 Y 轴方向移动，观察同步带和同步带轮是否有松动或者跳动。电动机处的同步带可以通过调整电动机上的 4 个螺钉来紧固，其他同步带轮上的同步带是否和临近的轴平行，和自身的轴垂直。

4）Y 轴的同步带可以通过调节图 6-2 的螺母来使其保持紧绷的状态，如果使用过程中同步带变松，也可以用此种方法来调节。

同样，X 轴方向的同步带可以加上同步带夹，使其张紧，拉力合适，如图 6-3 所示。

图 6-2　调节 Y 轴同步带

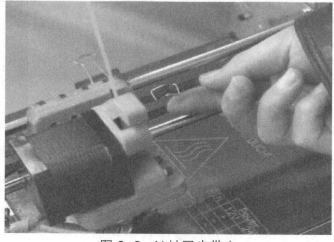

图 6-3　X 轴同步带夹

如果同步带过紧，可能会引起模型打印件错层，如图 6-4 所示。

图 6-4　同步带过紧引起模型打印件错层

6.1.2　限位开关的调试

6.1.2.1　限位开关位置的调试

3D 打印机 X、Y、Z 轴通过触发限位开关来记录起始位置。限位开关的位置直接影响各轴的归位点，因此确定限位开关的位置就确定了各轴归位点的位置。X 轴限位开关原点使打印头刚好落在平台的左侧，Y 轴限位开关使打印挤出头落在平台前面。在调试 Z 轴限位开关时需要特别注意，Z 轴限位开关的位置过低，挤出头会压坏加热平台；过高，又导致材料不粘加热床，如图 6-5 所示。

Z 轴限位开关的上面，有一个调整高度的螺钉孔。这里要旋入一个螺钉，这个螺钉的高度决定了 Z 轴的复位位置。尽量将 Z 轴的复位位置设置为打印头恰好停在加热床上的位置（图 6-6）。逆时针调节，可以使打印头升高，增加了打印头和加热平台的距离；反之，顺时针调节，打印头和加热平台的距离减小。

图 6-5　Z 轴限位开关过低导致模型不粘加热床

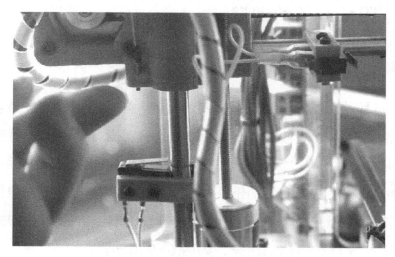

图 6-6　Z 轴限位开关位置调节

　　尤其 DIY 的 3D 打印机每次打印时都应确认限位开关的位置，以防止意外损坏。在正式调试时，当移动挤出头到终点时，需要听到限位开关闭合的声音。如果听不到，则需要检查是否有地方没调整到位，如图 6-7 所示。

图 6-7　限位开关调节

6.1.2.2　限位开关触发的调试

由于限位开关有两组接线方法，一种为常开接法，另一种为常闭接法，而固件中也可以选择限位开关的接线方法，这样就容易出现限位开关实际为未触发状态，而软件却显示限位开关已经为触发状态。调试的方法是在软件控制平台中发送 M119 命令查看限位开关的状态（"open"代表未触发状态，"TRIGGERED"代表触发状态），如图 6-8 所示。如果发生限位开关实际为未触发状态，而软件中显示已经被触发，可以使用两种方法来解决，一种为改变限位开关的接线方式；另一种是更改固件，并重新上传固件。

限位开关的调试适用于 Prusa i3、Kossel Mini 3D 打印机，如图 6-8 所示。

图 6-8　限位开关触发的调试

6.1.3　步进电动机驱动电流的调试

　　如果步进电动机没有按照正确的方向运动，或者运动过程中发出了噪声并且抖动，说明电气连线很可能出了问题。步进电动机运动方向相反，说明连线的方向也反了。其他情况，往往是接触不良造成的。如果连线确认没有问题，可以尝试调整步进电动机的电流。步进电动机驱动电流过大，会烧毁步进电动机或者步进电动机驱动，并且电流过大，芯片发热量随之增大，芯片大多都集成温度检测功能，过热可能会引起芯片待机，打印机停止工作。而过小的驱动电流，步进电动机不能正常工作，尤其在高速运动时，由于功率不足，步进电动机丢步现象明显。

　　调试步进电动机的驱动电流时，可以按照步进电动机的额定电流设置，如果步进电动机发热明显可以适当降低电流。调节步进电动机电流时，需要用万用表直流电压档测量电位器和电源负极之间的电压，根据公式计算驱动电流（见 3.3 步进电动机驱动器中步进电动机驱动器电流调节内容），如图 6-9 所示。

图 6-9　步进电动机驱动电流的调试

6.1.4　步进电动机移动方向的校准

步进电动机由于生产厂商不同，连接线的定义不一致，造成步进电动机移动的方向与规定的方向相反。解决的方法是任意互换同一组的两根线，就可以改变步进电动机的运动方向；也可以通过固件更改（见 4.2 固件基本设置）解决。步进电动机除了运动方向正确外，还应该确认它们在运动时没有异常的巨大噪声。正常情况下，步进电动机只有运动时才会发出有规律的运转的声音，在进行 3D 打印的过程中，如果按照某种曲线运动，可能会发出类似音阶的声音。

6.1.5　平台移动距离的校准

X、Y、Z、E 四轴运动的单位距离都是根据所使用的部件实际计算的，因此人为计算有可能出现偏差或者计算错误。X、Y 轴可以使用标有刻度的十字表格简单地校准实际移动的距离（图 6-10）。可以采取简单的方法，在一张白纸上面画出垂直的 X、Y 象限，并且标上刻度来校准。

图 6-10 平台移动距离的调试

Z 轴和 E 轴（挤出机）可以使用卡尺测量移动前后的差值。校准的具体操作方法为使用上位机控制软件分别移动 10mm、100mm 的距离来观察各轴实际移动的距离，使 X、Y、Z 轴实际移动距离与控制软件测算保持一致（图 6-11）。如果出现偏差可在固件中更改（见 4.2 固件基本设置）。

图 6-11 各轴移动距离与控制软件一致

6.1.6　加热平台相对水平的调试

加热平台的不水平会严重影响模型成型质量。在准备打印前，需要调节挤出头在加热床上水平运动，如果加热床安装时一侧高、一侧低，3D打印过程中挤出的打印料不能均匀地分布在加热平台上，则会出现一侧薄、一侧厚，甚至打印料不能贴到加热平台上，严重时会出现起翘。

首先进行粗略的调节。对于 Prusa 3D 打印机来说，Z 轴的高度由两个 Z 轴步进电动机上面的丝杠决定。调整 Z 轴丝杠，要在断电的情况下，用手旋转两个轴，将包括 X 轴步进电动机、X 轴框架以及整个挤出头在内的部分，调整为水平。

粗调完成后，要精细地调整挤出头和加热床的相对位置。先调节左前角，如图 6-12 所示，把 X 轴和 Y 轴都复位，把挤出头移动到加热床的角上。因为前面已经进行过粗调，挤出头和加热床之间的距离已经很接近了。把一张平整的 A4 厚度的纸条或名片放到挤出头和加热床之间，抽动纸条看是否能感觉到轻微的阻力。如果有轻微的阻力，那说明挤出头已经处在正确的位置上了。否则，需要调整加热床这个角的螺钉，稍稍提高或降低加热床，如图 6-13 所示。

图 6-12　加热床水平调节

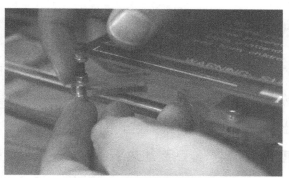

图6-13 调节加热床螺钉

然后重复此过程来调整其他几个角落的调整螺钉,使打印头相对加热床四角的间距一致。经过调整的加热平台的平面现在应该精确地平行于 XY 平面,调试好的加热平台（挤出头运动的平面相对加热平台水平）不会出现薄厚不均,更不易起翘。

6.1.7 挤出头与加热床之间间距的调试

在实际打印中,挤出头和加热平台之间距离偏高,会导致打印材料不能粘到加热平台上;而过低的距离,打印材料会紧紧压到加热平台上,不仅打印后模型取下困难,并且挤出头挤出时很吃力,尤其是第一层的成型最为重要,是整个 3D 打印模型的基础,糟糕的第一层打印,会导致接下来的很多层质量下降,甚至整个 3D 打印模型的失败。在 6.1.2、6.1.6 节中,我们知道可以通过调节 Z 轴限位开关、调节加热床四角螺钉,或者固件中 Z 轴的行程来调节挤出头和加热平台之间的距离,距离一般在 0.2～0.4mm。

6.1.8 加热温度的校准

6.1.8.1 挤出头温度的校准

打印头的加热管和温度传感器,确保完全插在铝块的孔内,外部使用紧固螺钉紧固。打印前，一定要确认挤出头在软件中显示的温度接近室温，如果温度传感器不能测量出挤出头的温度，挤出头会一直被加热，并且高温会烧毁挤出头。校准挤出头温度时，可使用温度测量探头或者温度测量计测量其实际温度。

6.1.8.2 加热床温度的校准

加热床温度恒定、准确可以防止打印件收缩和翘边。可使用红外测温仪测量加热床的表面温度，测量四个角的温度和软件里显示的温度参数应一致，如图 6-14 所示。

图 6-14 加热床温度的校准

这样，Prusa i3 3D 打印机的调试基本结束。

6.2 Kossel Mini 3D 打印机的调试

6.2.1 框架和传动部分的调试

检查各部分螺钉安装是否紧密，用手移动打印头，观察三个联动臂和滑动座是否运动顺畅。由于是远端挤出机送丝，观察挤出机运行是否有阻碍，观察同步带是否过松或过紧，适当调节。步进电动机的调试同 Prusa i3 3D 打印机的调试（见 6.1.3 节和 6.1.4 节）。

6.2.2　限位开关的调试

同 Prusa i3 3D 打印机的调试一样，每次打印时都应检查限位开关的位置，以防止意外损坏。在正式调试时，当移动挤出头到终点时，需要听到限位开关闭合的声音。如果听不到，需要检查没调整到位的地方。限位开关触发的调试方法同 6.1.2.2 节。

6.2.3　加热平台相对水平的自动调试

加热平台水平自动调试是通过一个探针触发限位开关来记录挤出头到加热平台各点的距离，高级应用是使用 FSR 来记录挤出头到加热平台各点的距离。软件可以记录加热床的水平情况，实际打印中可以时时调节挤出头到加热床的距离来实现相对水平。比较常见的是通过舵机释放探针，Z 轴向下移动探针触发限位开关记录此点的间距，记录完成后舵机收回探针。使用 FSR 来记录各点的压力值，通过压力值计算出挤出头和加热平台之间的距离。这种方法简单，但是价格昂贵。还有一种解决方法是把限位开关安装到挤出头上，使用挤出头代替探针，在实际打印中这种方法容易使挤出头上下振动。

运行自动调试是非常简单的，只需要在控制平台输入 G29 命令，调试进程会自动执行。

6.2.4　FSR 的触发校准

用 FSR 校准加热平台的相对水平是非常便捷的。使用 FSR 校准要注意 FSR 的敏感度，敏感度过大或者过小都不能准确地测量每个点的压力大小。实际中，FSR 触发压力应在 5N 左右，小于 3N 或者大于 6N 都不能很好地测量各点的压力值。

可以用矿泉水瓶装 500g 水这种简便的方法来调节（图 6-15），通过加热平台与 FSR 的接触面积来调节 FSR 的敏感度，把 3M 胶带裁出三小块，分别贴在加热床的三个角，让三个小块分别接触 FSR 的三个点，这样就改变了加热床和 FSR 的接触面积，然后在软件控制平台中发送 M119 命令，"z_min open"为 FSR 的触发状态（"open"代表未触发状态，"TRIGGERED" 代表触发状态）。

图 6-15　矿泉水瓶测试 FSR 的敏感度

6.2.5　加热喷头和加热床距离的调试

首先发送 G28 命令，让打印机归位，之后发送 G1 命令（X0，Y0，Z0）让打印机为归零状态（为了调试的安全，G1（X0，Y0，Z0）Z 的值不要直接调到 0，要从 Z10、Z5、Z3 慢慢降下来）。此时加热床和加热喷头的距离为 0.1~0.2mm。如果这个距离不相同，修改固件 Z_HOME_POS 的数值，如果距离大了，缩小数值；反之距离小了，增大这个数值，如图 6-16 所示。然后再发送 G28 命令，用一张名片在喷嘴和加热床之间滑动来测试喷嘴和加热床的最佳距离，如图 6-17 所示。

图 6-16　固件值修改

图 6-17　测试喷嘴和加热床的最佳距离

综上，Kossel Mini 3D 打印机的调试完成。

6.3　Ultimaker2 3D 打印机的调试

6.3.1　框架结构调试

定期检查框架螺钉是否松动，或者安装时没有锁紧的情况。框架安装过程中可能由于各面板安装不到位造成各面板间有缝隙，此时需要使用胶皮锤轻轻敲打留有缝隙的位置，使其紧密贴合，最后紧固框架的所有螺钉。

6.3.2　X、Y 轴结构调试

检查 X、Y 轴的所有同步带轮顶丝是否松动，或者安装时没有锁紧的情况。X、Y 轴安装过程中确保所有光轴没有左右晃动的情况，确保 X、Y 轴光轴和面板外部齐平，如果存在不齐平或者左右晃动的情况，调整同步带轮的顶丝，使 X、Y 轴光轴稳固，运动平稳，调整后固定所有同步带轮顶丝。最后确保 X、Y 轴所有传送带（包括步进电动机传送带）松紧是否合适（过松过紧都会影响打印机正常运行）。如果传送带松紧不合适，可以适当调整 X、Y 轴电动机位置或者加装传送带夹进行调节，使传送带松紧合适。

6.3.3　Z 轴结构调试

转动 Z 轴步进电动机轴，查看 Z 轴加热平台是否移动顺滑，如果加热平台移动吃力，调整丝杠螺母的四颗螺钉直到 Z 轴加热平台移动顺滑，最后锁紧丝杠螺母的螺钉，并给丝杠涂抹润滑油，定期检查丝杠的润滑情况。

转动 Z 轴步进电动机轴，如果出现加热平台移动到上部或者下部吃力，调整法兰轴承的螺钉，直到加热平台上下移动顺滑为止，并紧固所有法兰轴承的螺钉。

6.3.4 加热平台水平调试

Ultimaker2 3D 打印机首次开机液晶显示屏会提示校准 3D 打印机，垫入 A4 纸，根据液晶显示屏提示，调节加热平台四个角的调节螺母，使纸张能轻松地推入平台，用这种方法对加热平台进行水平校准，如图 6-18 所示。

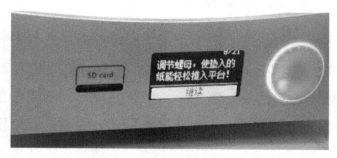

图 6-18 调整加热平台水平

校准完毕后可进行打印测试。在测试过程中，注意观察打印零件是否和平台粘接紧密，打印挤出头出丝是否顺利，模型是否出现断层、移位等现象，具体解决方法请参阅 Prusa i3 3D 打印机的调试和第 7 章 3D 打印机打印技巧。

第 7 章　3D 打印机打印技巧

经过 3D 打印机的精准调试之后，安装好所需软件，我们终于进入到激动人心的打印环节，但是有一些打印事项需要注意。

7.1　3D 打印 STL 文件技巧

打印的模型文件可以自己通过三维软件建立，也可以进行下载，但是要注意：

1）三维建模软件以 STL 格式导出的一般模型文件大小应该在 1～5MB。三角面太大，也就是分辨率太低，制造的模型将出现很多棱角，不平顺圆润；分辨率太高也不好，并不会改善制造模型的质量，反而会使计算机读取速度变慢。物体模型必须为封闭的，也可以通俗地说是"不漏水的"，有破面的不封闭模型文件是打印不出来的，如图 7-1 所示。

2）物体模型必须为流形（Manifold）的。流形的完整定义请参考数学定义。简单来说，如果一个网格数据中存在多个面共享一条边，那么它就是非流形的（Non-manifold）。请看图 7-2 所示的例子：两个立方体只有一条共同的边，此边为四个面共享，这个模型是无法打印的。

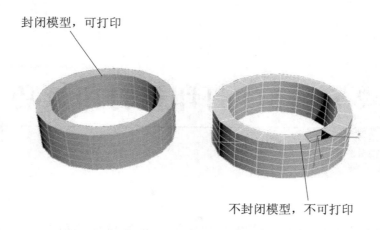

封闭模型，可打印

不封闭模型，不可打印

图 7-1　打印模型必须封闭

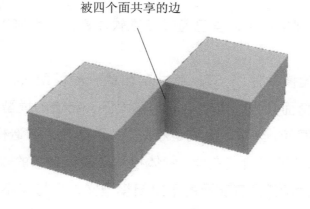

被四个面共享的边

图 7-2　非流形模型无法打印

　　3）设计时的模型表面不能像纸片一样薄得没有厚度。最小壁厚也有要求，不能小于打印机的最小打印精度（图 7-3）。如果在设计中存在精细到 0.001mm 的细节，而打印机的精度只有 0.01mm，那么打印机也无法进行打印，打印机会自动忽略掉。

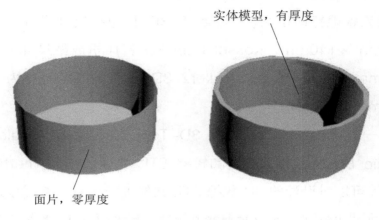

实体模型，有厚度

面片，零厚度

图 7-3　打印模型必须有厚度

4）正确的法线方向。模型中所有面的法线需要指向一个正确的方向。如果模型中包含了错误的法线方向，打印机就不能判断出是模型的内部还是外部，如图 7-4 所示。

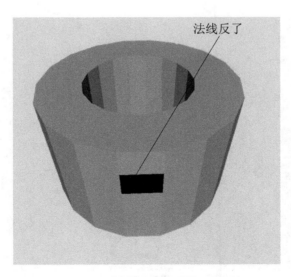

法线反了

图 7-4　打印模型法线方向一致

5）物体模型最大尺寸：模型打印尺寸是根据 3D 打印机可打印的最大尺寸而定的。当模型超过 3D 打印机的最大尺寸时，模型就不能完整地打印出来。Prusa i3 3D 打印机成型尺寸为 200mm×200mm×140mm，Kossel Mini 3D 打印机成型尺寸为 200mm×200mm×230mm，Ultimaker2 3D 打印机成型尺寸为 230mm×225mm×205mm。

一般可以采用 3ds Max、3D-Tool、MeshLab、Magics、netfabb Studio Basic 软件来检查和修补 STL 文件。其中，netfabb Studio Basic 可以对设计的 3D 数据 STL 文件进行检查、编辑以及修复错误等，而且 netfabb Studio Basic 还提供云服务，只需将 STL 文件上传到云端，后台服务会自动为 STL 文件进行分析、检查并修复。图 7-5 为 netfabb Studio Basic 软件界面。

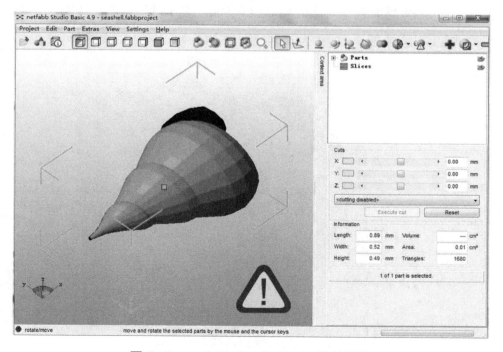

图 7-5　netfabb Studio Basic 软件界面

7.2 选择合适的打印参数

在第 4 章 3D 打印机的软件配置章节中已经介绍了上位机控制软件中的打印参数，本节将详细介绍软件参数对模型打印质量的影响。

7.2.1 打印壁厚

在三维软件的虚拟世界里绘制模型的时候，并不需要关心尺寸大小，但通过 3D 打印机在现实世界里制作一个模型，要避免由于不满足 3D 打印机最小壁厚要求而发生的打印错误。

打印壁厚为打印件外壳的厚度，最小壁厚就是你的模型在任意给定点处应该有的最小厚度。举例来说，假设你在设计一个圆柱，如果这个圆柱本身要求各处直径均大于 2mm。如果你想将这个圆柱旋成圆管的话，那么圆管的厚度最少应为 2mm。

太薄的打印壁厚直接影响打印件的质量（图 7–6），有些部分会因为太薄根本打印不出来，并且容易开裂；而太大的打印壁厚会增加打印时间。打印壁厚通常设置成 2mm 或者 3mm，可设置为挤出头的整数倍，打印要求强度的结构件大多使用 3mm 以上壁厚。

对于需要组合的模型，要特别注意预留容差（图 7–7）。一般解决办法是在需要紧密接合的地方预留 0.8mm 的宽度，给较宽松的地方预留 1.5mm 的宽度，但还得结合你 DIY 的 3D 打印机性能预留容差。

图 7-6　壁厚对模型质量的影响

图 7-7　组合的模型需要预留容差

7.2.2　打印层高

打印层高越小，打印件越精细，打印时间越长；相反，打印层高越大，打印件越粗糙，打印时间越短。

设置打印层高时需要参考挤出头的挤出直径大小。层高最大不要超过挤出直径的 80%，比如 0.4mm 喷嘴直径，打印层高最大为 0.32，而层高最小不应低于挤出直径的 40%。最适合的打印层高为挤出直径的 60%，打印精细程度和打印时间可以很好的平衡。

同时还要了解自己模型的细节。有一些微小的凸出物或零件太小是无法使用桌面型 DIY 的 3D 打印机打印的。因为在 3D 打印机中，有一个很重要的参数，那就是线宽。线宽是由打印机喷头的直径来决定的，大部分打印机是 0.4mm 或 0.5mm 直径的喷头。3D 打印机画出来的圆，大小都会是线宽的两倍。举例来说：一个 0.4mm 的喷头画出来的圆最小直径是 0.8mm，而 0.5mm 的喷头画出来的最小直径则是 1mm。

7.2.3　打印速度

打印速度是 3D 打印机的一项重要参数。过高的打印速度，打印质量会下降。因为在高速打印时，挤出头内部产生压力，使其打印不均匀，影响了打印质量（某些 3D 打印机固件使用非对称算法来解决此问题）。从图 7-8 所示左边的模型可以看出，右边的模型采用 30mm/s 的打印速度，而左边的模型采用 100mm/s 的速度，用肉眼可见表面一圈圈的凹凸，这是打印头高速移动时由于惯性和振动造成的微小偏移形成的。一般情况下建议打印速度为 50mm/s 左右，以获得最佳打印效果，同时又减少了打印时间。

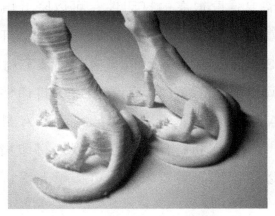

图 7-8　打印速度对模型的影响

　　切片软件关于速度设置还有很多选项，最好的调试方法是小幅增加各种速度参数，观察其对打印质量的影响。首先设置第一层的打印速度，这样会让第一层更好地和加热平台贴合，大多设置成第一层打印速度的 30%～50%。其次设置空移动速度（无打印移动速度），可适当提高打印机的空移动速度，这样可以提高整体打印的速度。最后根据需求适当地调整打印壁厚速度、填充速度、支撑材料速度。其中，打印壁厚的速度不宜设置得过高，否则会直接影响打印外观和打印质量；可适当提高填充速度，总体原则是填充速度要比周边打印速度快，因为这样可以减少表面瑕疵，轻微的填充差距不会影响打印效果。

7.2.4　填充密度

　　我们都知道 3D 打印机的打印是喷料叠加打印的，如果打印封闭物体时就向封闭物体里面填充材料，里面我们是看不到的，只要填充的材料能支撑起外部就可以。填充密度直接影响打印件的质量，如果不需要强度很高的打印件，可以降低填充密度，减少填充比例来提高打印速度，缩短打印时间和减小打印件的质量。比如填充率为 30%，那我们就可以节省内部填充材料 70%，而且打印内部的时间也节省了 70%。而高强度的打印件需要使用更高密度的打印，ABS 最高推荐设置成 0.4，而 PLA 最高推荐设置成0.6。通常使用 3D 打印机打印模型的时候对打印精度的要求各不一样，因此可以根据实际需要来设置打印填充率，给工作带来更高的效率。

7.2.5 填充方式

填充方式并不影响打印件的外观，但却影响打印件的物理强度，大多设置成网格和六边形的填充方式。网格方式更容易打印，打印速度更快。

7.3 选择合适的打印位置

设计打印件时一定要考虑打印件和加热床的接触面，接触面太小，不能更好地粘到加热床，打印失败率高。打印件在每层结合的地方，结构强度最差。因此打印时一定要注意，结构强度要求高的地方尽量不在每层的结合处。

按照模型的最佳分辨率方向来作为模型打印方向，调整不同打印方向以求获得最佳精度（图 7-9）。如果有需要，可以将模型切成好几个区块来打印，然后再重新组装、粘接、打磨上色。图 7-10 所示马踏飞燕的模型，最好采用站立打印，也可以分开打印再组装。如果让马的模型平躺侧面打印，就会出现纹路不清的问题。

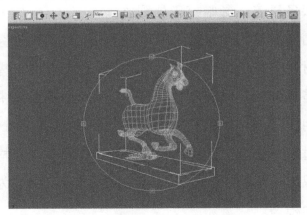

图 7-9 按模型最佳精度方向调整打印位置

图 7-10　纹路清晰的马踏飞燕模型

7.4　合理添加支撑

支撑大多在打印桥梁或者悬空结构时使用，并且桥梁或者悬空相对较长。打印桥梁时如果没打印支撑，打印丝会由于重力和温度作用产生变形，使得桥梁部分弯曲致使打印失败。但不合理地添加支撑会造成打印光滑度下降，因为支撑材料和打印材料为同一材质，去除支撑时会留下很多痕迹，影响打印外观。

合理添加支撑要了解 45° 法则。任何超过 45° 的突出物都需要额外的支撑材料来完成模型打印，因此最好自己设计支撑或连接物件（锥形物或是其他的支撑材料），并将它们加进模型之中。尽量避免在设计时使用支撑材料，虽然支撑用的演算法随着时间一直在进步，但是去除的过程也会非常耗时。所以要尽量在没有支撑材料下设计模型，让它可以直接进行 3D 打印。图 7-11、图 7-12 为添加支撑和去除支撑后的模型。

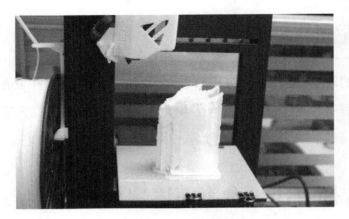

图 7-11　添加了支撑的打印模型

图 7-12　支撑去除后的模型

　　有些打印机采取双喷头打印，另一个喷头打印水溶性支撑，支撑溶解在液体里面，可使模型表面很光滑。

7.5　使用智能风扇

　　在打印桥梁或者悬空距离较短时，可以选择智能风扇选项，打印时打印机会自动开启风扇，迅速使打印材料固定成型。使用智能风扇，可使打印件表面更光滑。

7.6　适宜的环境温度

较低的环境温度会使打印件加快收缩，使得打印件变形起翘，这种情况尤其在空气流动大的地方更明显，所以最理想的方式是在封闭的盒子内打印，或者封闭的房间，室温保持在 20℃左右。

7.7　选择打印平台表面固定材料

由于 DIY 的 3D 打印机是 FDM 热熔累积成型原理，决定了打印件第一层在打印平台上的粘接尤为重要，第一层不粘打印平台，就像大厦没有了地基，是无法完成下一部分累积成型的。3D 打印过程是非常慢的，如果一开始就出现了粘不牢的情况，你可以强行停止再重新打印；但是若粘不牢的情况发生较晚，或者你去忙别的工作了，最后就会是乱糟糟的一团，这样既浪费材料又浪费时间。

经过 3D 打印机的结构调整后，我们可以采用在打印平台上面加上各种表面固定材料来解决粘不牢的问题。

1．聚酰亚胺胶带

3D 打印机经常在加热床表面贴层聚酰亚胺胶带（图 7-13），这种胶带耐高温，可以打印 ABS 和 PLA。使用聚酰亚胺胶带时，打印件底面非常光滑，打印件很容易取下。取下打印件时不会破坏打印件和胶带，且胶带可以连续使用。需要注意的是，粘贴聚酰亚胺胶带时非常容易出现气泡。解决方法是在粘贴胶带时，在加热床表面涂层洗洁精稀释水，胶带粘贴到涂有洗洁精稀释水的加热床表面，可以很容易调整胶带在加热床上的位置，调整好位置使用 IC 卡或者直尺把胶带下面的水和气泡赶出，等待几小时后就会发现胶带平整地粘贴到加

热床表面，没有任何气泡。图 7-14 为使用聚酰亚胺胶带打印模型的
效果。

图 7-13　聚酰亚胺胶带

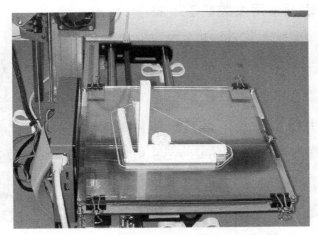

图 7-14　使用聚酰亚胺胶带打印模型的效果

2. 美纹纸胶带

　　3D 打印机加热床表面使用美纹纸胶带也很常见，这种胶带耐高
温，打印件可以很好地粘贴在上面，价格低廉，容易买到，更换简单。
但使用美纹纸胶带时，打印底面稍有粗糙，相比聚酰亚胺胶带，打印
件并不容易取下，如图 7-15 所示。

图 7-15　使用美纹纸胶带打印

3. 光滑表面使用发胶或手喷胶

在玻璃、表面拉丝的铝板、薄铜板表面上直接打印是很难成功的，只有很少数人直接在裸露表面上打印。但是可以在裸露玻璃上使用发胶来提高打印件的黏着力，这样就可以顺利打印 ABS 或者 PLA，甚至打印 PLA 时并不需要加热。需要注意的是，选择发胶时一定要选择黏度大的。也有部分人选择用 3M 的 Super77（图 7-16）等手喷胶。注意在

图 7-16　Super77

使用手喷胶时，用报纸和纸张把丝杠盖住，防止喷到丝杠和光轴上，模型取下时可以使用除胶剂（在五金装饰市场可以买到）辅助取下。

4. 白乳胶

白乳胶也经常用在打印加热床表面，这种方法更适合打印 PLA。

白乳胶在生活中非常常见，一般学校用的手艺白胶就很好。国外的
Elmer's 胶水效果也很不错，使用方法是白乳胶和水 1∶10 的比例
均匀涂抹到加热床表面上，待乳胶完全干了以后就可以打印。

5．固体胶棒

很多 3D 打印爱好者和公司经常使用固体胶棒打印 ABS、PLA、
尼龙等材料。测试显示涂抹固态胶打印尼龙时,打印件和加热床表
面粘合得很好，并且大于 100mm 的打印件打印 4h 粘合得依然很
好。涂抹固体胶棒相比其他方法，使用更简单，打印件取下更容易
（不需刀等工具，直接用手取下就可以）。国外经常使用思高、
Elmer's、Cra-Z-Art 品牌固态胶棒涂抹加热床表面，国内可选择
的品牌更多。打印 PLA 时需要注意，如果固体胶太薄，打印件可
能不容易取下，这时可以在打印件四周滴一些温水就可以取下了。
使用固体胶棒时，可以在打印结束 G-code 里面（切片软件打印设
置结束 G 代码）加入一条自动移开打印件（移动打印喷头）的命
令，每当打印完毕，打印喷头就会自动移开打印件，这时可以涂抹
固体胶准备打印下一件打印件，大大提升了自动化程度。

7.8　打印过程中的问题解决技巧

7.8.1　打印物体翘边

引起模型翘边的原因有平台过低、喷嘴和加热床温度过低、出料
口冷却不足等原因。

1．平台过低

在 3D 打印机工作前，如果未将平台与喷嘴之间的间隙调至合适距离，将会导致出料粘接不牢而引起翘边。根据环境、耗材等因素，可适当将间隙调小。

2．喷嘴和加热床温度过低

目前 DIY 的桌面型 3D 打印机采用最为广泛的材料为 PLA 和 ABS。PLA 的打印温度在 190～210℃，ABS 为 230℃左右，加热床一般为 60～70℃最佳。此外，也要根据不同厂家的材料进行多次调试，来调节喷嘴和加热床的温度，找出最好的方案，让模型与平台四周粘接良好，避免起翘的发生。

3．出料口冷却不足

出料口旁边的风扇使模型及时冷却，若风扇停转或转速过低，也会造成模型在平台上的张力异常，发生起翘现象。如有异常，将风扇拆下更换同型号即可。

7.8.2　堵头

堵头俗称堵料，在打印过程中最为常见，造成原因有很多方面。

1．喷嘴温度过低

喷嘴温度过低会导致熔丝缓慢来不及出丝引起堵料，或送丝速度过快，料来不及成型就挤压在出料口。可以通过升高喷嘴温度，退出现有的材料，让堵塞的材料熔解来解决。如果还不能解决，用适合喷嘴的专用钻头进行疏通。打印 PLA 时，如果温度过高，会产生焦化并且堵住喷头，这就比较麻烦了。因此编者建议还是从比较低的温度开始进行试验，对于 PLA，初始设置在 185℃是一个比较合适的值。如果发现无法顺利出丝，再逐步调高温度。

2．材料质量

不同厂家甚至不同批次的打印材料都存在差异，一些厂家以二次料以次充好，非常容易引起堵头。在选择打印材料时，应尽量选择正规厂家的产品，材料要外观良好，无杂质气泡。可以要求厂家寄送少量样品，进行打印效果对比。在保存的过程中，长期不用的材料要密闭保存，加入干燥剂，防止回潮。

3．检查送丝器

加温进丝，如果是外置齿轮结构送丝，观察齿轮转动否，如果是内置步进电动机送丝，观察进丝时电动机是否微微振动并发出工作响声。如果没有，检查送丝器及其主板的接线是否完整，不完整及时维修。

4．平台距离

工作台是否离喷嘴较近。如果工作台离喷嘴较近，则工作台挤压喷嘴不能出丝，调整喷嘴和工作台之间的距离。距离为刚好放下一张名片为合适。如果上面的方法不能解决，喷头里面可能存有杂质，用钻头疏通无效的话，需要更换喷头。

7.8.3　打印断层

打印断层的主要原因是出丝不匀，症结在于打印头温度设置不正确。出丝不匀会导致打印时偶尔喷出一大块融化的丝料。如果不是材料缠绕的原因，需要对不同材料和不同厂家的材料进行多次试验，找到最合适的温度。

7.8.4　打印漂移

打印漂移又称打印错位，产生的原因如下：

1）直接原因是打印速度设置得过高，降低打印速度可以解决问题。

2）电动机严重发热、损坏、内部结构膨胀，最终失步形成打印漂移现象。

3）模型切片生成代码错误，把模型图重新切片，模型移动位置，让软件重新生成 G 代码打印。

4）打印中途喷嘴被强行阻止路径。首先打印过程中不能用手触碰正在移动的喷嘴。其次如果模型打印最上层有积屑瘤，则下次打印将会重复增大积屑，一定程度的坚硬积屑瘤会阻挡喷嘴正常移动，使电动机丢步导致错位。如果在打印过程中发现有积屑的地方，用镊子轻轻剥离。

5）电压不稳定。注意观察是否空调等大功率电器关闭造成打印错位。如果有，打印电源加上稳压设备。如果没有，观察是否每次喷嘴走到同一点就出现行程受阻，喷嘴卡位后出现错位，一般是 X、Y、Z 轴电压不匀，调整主板上 X、Y、Z 轴电流，使其通过三轴的电流基本均匀。

6）主板问题。如果上述原因都解决不了错位，而且出现最多的是打印任何模型都在同一高度处错位，那么更换主板。

7）同步带过紧。

可以逐一排查。

7.9　打印后模型处理

7.9.1　模型取下

有时打印好的 3D 模型和打印平台粘得太紧而取不下来，甚至因为硬扯造成模型受损，有时还可能会影响打印平台精度。

1）建议戴手套先将平台拿下，买个小铲子，可以慢慢滑动到模型下面，来回撬动模型，切记不能硬掰。

2）还可以利用玻璃与 ABS/PLA 热膨胀系数不同的特性，用吹风机从打印平台玻璃板背面进行加热。

3）如果是冷却过久使模型不能取下，可以直接加热打印平台到 40℃左右，让粘合面松动，这样可以比较轻松地铲下打印好的模型。同时，可以买一个环氧树脂板，涂上保利龙胶，打印好了板子折一下，东西就分离开了，而且打印件越大越好分离。

7.9.2　支撑拆除

3D 打印机比较容易去除的支撑材料有：可以溶于水的凝胶状支撑材料、可溶于碱性溶液的支撑材料、可溶于酒精的支撑材料等。采用这些特殊材料作为支撑结构的 3D 打印模型，只要把它放入水、碱性溶液或者酒精等特定溶液中就可以自行脱掉支撑了，但这些支撑材料一般要比模型的材料贵一些。单喷头的 3D 打印机只能采用一种材料，所以这种情况只能借助小刀、钳子等工具人工去除。处理的时候要特别小心以免损坏模型。有毛边的地方可用打火机轻轻烧一下，速度要快，不要烤坏模型。

7.9.3　模型表面后处理

模型打印之后拆除支撑，会有支撑的残余留在模型表面，有时还会发现表面一层层的纹路看得特别清楚（图 7-17），非常难看。造成这种纹路的原因就是打印速度过快，层厚设置得过高。同时，打印材料不好或者材料里面有杂质，喷嘴里面混有杂质，也会出现打印表面不光滑。

图 7-17　纹路过于明显的模型

这种模型外观上的修正，除了设置正确的打印速度和层厚外，也可以在后期用丙酮溶液熏蒸或者蘸取丙酮溶液擦拭表面的方法来消除纹路，进行表面抛光。丙酮是有刺激性气味的可燃性液体，对身体有害，吸入后可能引起头痛、支气管炎等症状，希望读者在使用时做好保护措施，比如带上护眼镜和手套，注意远离明火和小孩。其他常见的 3D 打印物品抛光处理方法有：

1．砂纸打磨

砂纸打磨可以用手工打磨或者使用砂带磨光机这样的专业设备。砂纸打磨一直是 3D 打印零部件后期抛光最常用、使用范围最广的办法，既廉价又行之有效。可以选择不同种类的砂纸从粗到细进行打磨。但砂纸打磨在处理微小的零部件时会很困难。不过砂纸打磨处理起来还是比较快的。用砂纸打磨消除电视机遥控器大小打印件的纹路只需 15min。如果零件有精度和耐用性的最低要求的话，一定要记住不要过度打磨，要提前计算好要打磨掉多少材料，否则过度打磨会使得零部件变形报废。

2．珠光处理

珠光处理是指操作人员手持喷嘴朝着抛光对象高速喷射介质小珠从而达到抛光的效果。珠光处理一般比较快，约 5～10min 即可处理完成，处理过后产品表面光滑，有均匀的亚光效果。

3．蒸汽平滑处理

3D 打印零部件被浸渍在蒸汽罐里，其底部有已经达到沸点的液体。蒸汽上升可以融化零部件表面约 2μm 的一层，几秒钟内就能把它变得光滑闪亮。

4．抛光机

3D 打印巨头 Stratasys 曾经推出抛光机，但其高昂的价格让大多数人望而却步，而且相对来说，功能还很不完善。图 7-18 为国内制作的抛光机。这类机器的原理基本类似，抛光液的材质清一色的有机材料，基本上都带有毒性，所以对于 3D 打印的新手来说，最好对操作过程有一个详细的了解，做好防护措施。

图 7-18　国内制作的抛光机

如果有对模型后处理感兴趣的读者，打磨抛光之后还可以用喷枪、喷笔、手喷漆等进行上色，这样打印模型就更加完美了。

第8章 3D打印机改进和功能开发

本章精选了国内外一些 3D 打印机的改进项目，有些是在众筹平台发布但还未上市，如果读者对改进 3D 打印机感兴趣，可以在机器外形和功能方面作为参考。

8.1 框架的改进

有些读者在搭建、使用了原始设计的 Reprap 之后，发现有些设计不能满足自己的需求，或者希望进一步提升特性。这时候，Reprap 开放源代码的特征就变得非常有价值，我们可以对其进行有针对性的改进。国外有很多这样的方案，机器既能雕刻，又能 3D 打印。图 8-1 为早期金属框架结构 3D 打印机。

如果想在外形上美观一些，可以采用铝合金框架并在表面喷涂钢琴烤漆。

如果想对亚克力板框架进行编辑和修改，需要使用一个二维CAD软件。QCAD 这个软件免费、开源，而且使用起来比较简单，读者阅读帮助文档后就可以对亚克力框架进行改进。打印机连接部件的改进可以使用 OpenSCAD（官方网址为 http://www.openscad.org）软

件，经过简单查阅 OpenSCAD 的帮助文档，可以构建各种复杂的
3D 机械零件。

图 8-1　早期金属框架结构 3D 打印机

国内外的玩家还对 DIY 的三角形框架 3D 打印机尺寸进行了改
进，可以延伸扩展各种高度，本书中的 Kossel Mini 3D 打印机完全
可以扩展为 Kossel Max 3D 打印机，如图 8-2 所示。

图 8-2　Kossel Max 3D 打印机

当然，三角形结构也可以不使用金属框架，给读者介绍一款木框
结构的 IcePick Delta 3D 打印机（图 8-3），由 DIY 热站 hackaday（著

名的硬件社区）上的用户 TTN 和 Matt Kimbal 所开发。这款 3D 打印机最引人注目的特点就是取消了线性推杆和轴承。由于使用木框取代了原来的金属支架，整个 3D 打印机的成本也有所降低，相应的 CAD文件可以在 www.github.com 上找到。图 8-4 为 IcePick Delta 3D打印机传动结构。

图 8-3　IcePick Delta 3D 打印机

图 8-4　IcePick Delta 3D 打印机传动结构

8.2　机械结构的改进

近年来，在 3D 打印机改进方面涌现出更多的奇思妙想，出现很多改进机械平台和传动机构的 3D 打印机。比如 SCARA 结构，SCARA 全称 Selective Compliance Assembly Robot Arm（选择顺应性装配机器手臂），"选择顺应性"是指 X 轴和 Y 轴的自由移动，而 Z 轴是固定的。

3D 打印机也变得更加的小型化、可折叠，产生了一机多用的平台等。图 8-5 所示为新概念 3D 打印机。

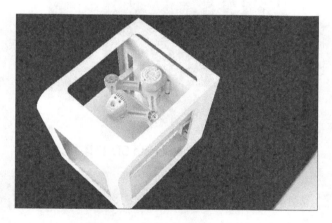

图 8-5　新概念 3D 打印机

8.2.1　SCARA 机械臂结构 3D 打印机

下面我们来看几款 SCARA 结构的 3D 打印机。

1. Reprap Morgan

在第 2 章介绍了开源项目 Reprap 一直处于不断的修改中，随

着用途、环境和必要性的不同而被不断研发。因此，每个版本的
Reprap 都会以生物学家的名字命名，如达尔文、赫胥黎、华莱士、
孟德尔。不同版本的 Reprap，有些设计实现了组装的便利性，有
些致力于坚固和功能性，还有的考虑零件的更换问题。根据需求研
发模型，新型号的 Reprap Morgan 应运而生，以托马斯·摩尔根
命名。Reprap Morgan 是由 Quentin Harley 设计与制作的同心双
臂 SCARA FDM 3D 打印机，如图 8-6 所示。Reprap Morgan 的解
决方案是，重新调整 X 和 Y 方向的运动力学。X、Y 方向的移动不
再采用固定的线性杠杆，采用 SCARA 机器人的原理。与采用笛卡
儿格式的大多数 Reprap 相比，这种设计占用空间更少，需要的零
件也更少。它的主要部件，如"手臂"、传动齿轮、管道适配器等
都是使用 3D 打印机制作的。这台打印机组装非常简单和容易，打
印使用的材料也非常廉价，目前这个项目的所有材料已经开源，大
家可以到 www. github.com 找到这些材料。

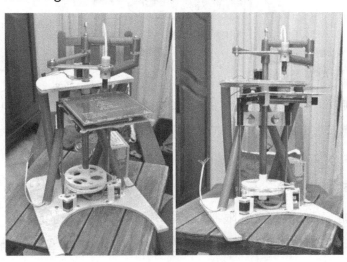

图 8-6　Reprap Morgan 3D 打印机

2. MK3 SCARA 机械臂 3D 打印机

英国工程师 Clanzer 用了 1 年多的时间设计 MK3 SCARA 机械臂 3D 打印机原型。MK1 原型用的是 50:1 的行星齿轮箱，MK2 原型用了带同步带的机械臂和滑轮来控制打印比例，但始终未能解决齿隙游移问题。于是，他决定在 MK3 原型中使用谐波齿轮传动，采用现成的 30:1 谐波齿轮传动，结合微步进和 0.9° 电动机，能达到 0.013mm 的精度。图 8-7 为 MK3 SCARA 机械臂 3D 打印机。

图 8-7　MK3 SCARA 机械臂 3D 打印机

3. FLX.ARM.S16.Z8

美国缅因州的机器人和自动化技术公司 Flux Integration，开发出了第一款可3D打印的低成本精密SCARA机器手臂——FLX.ARM.S16.Z8。FLX.ARM.S16.Z8 拥有一个大型可配置的工作区：在 XY 平面内臂长可达 406.4mm，Z 轴高度可达 203.2mm。它是由 6061-T6 铝坯精密加工而成，通过限制 XY 平面上机器手臂的移动，保持了 Z 轴的刚性，无须接头就可以克服重力。由于配置了模块化的工具头，FLX.ARM.S16.Z8 具有放置/拾取、3D 打印、轻型铣削、涂胶、探测以及机床辅助等功能。其中，3D 打印的工具头则集成了全金属的 E3D 热端与 Bowden 挤出机。喷嘴直径为 0.4mm。可支持 PLA、ABS、HIPS、弹性 PLA、尼龙和聚碳酸酯等 3D 打印材料。图 8-8 为 FLX.ARM.S16.Z8 3D 打印机。

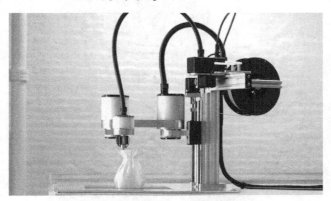

图 8-8　FLX.ARM.S16.Z8 3D 打印机

8.2.2　小型化可折叠 3D 打印机

先看一款折叠式 3D 打印机 TOME。Haasnoot 和 Renner 是 Local Motors 公司的同事，他们共同确定了 TOME 3D 打印机的 X、Y、Z 轴驱动机构和挤出机的设计。TOME 折叠后的外观大小为 4in[⊖]× 8in×11in，最大打印量为 5in²，它拥有一个完整的电池组（标准电池组可支持最少 4h 打印时间，1.5 倍电池组可支持 6h）和一个可移动的材料盒。TOME 被设计成只使用 PLA 的 3D 打印机，而且配置了加热床，使之具有更好的打印附着效果。他们计划推出多种规格尺寸的 TOME 3D 打印机（图 8-9）。图 8-10 为 TOME 3D 打印机的结构。

⊖ 1in=0.0254m。

图 8-9　TOME 3D 打印机

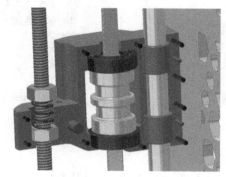

图 8-10　TOME 3D 打印机的结构

再看另一款折叠式 3D 打印机 FoldaRap（图 8-11、图 8-12），设计师是来自法国的 Emmanuel Gilloz。FoldaRap 是 Reprap 模型的便携款，质量轻，非常容易携带。

图 8-11　FoldaRap 3D 打印机外观

图 8-12　FoldaRap 3D 打印机折叠效果

8.2.3　一机多用平台

国内外都出现了 3D 打印机和现有的 CNC 结合，实现雕刻、切削、3D 打印等功能的多功能平台。图 8-13 为国产 CNC 和 3D 打印机结合的一体机。

图 8-13　国产 CNC 和 3D 打印机结合的一体机

在国外众筹平台 Kickstarter 上也出现了一款集 3D 打印、CNC

与激光雕刻于一体的多功能个人制造设备 BoXZY（图 8-14）。BoXZY 经历了一年多的开发，目前它的基本设置是一台带双挤出机的 FDM 3D 打印机（精度达 4μm），可迅速更换为 1.25hp[⊖] 的牧田（Makita）刳刨机，从而变身为一台强大的数控铣床或激光刻蚀机。整个产品外面包裹着坚实的铝制机身，硬件使用的是不锈钢材料，保证了 BoXZY 可以在所有应用领域稳定运行。此外，它的设计也是完全模块化的，很容易拆卸。通过快速更换工具头，任何创客都可以用一块黄铜、铝、硬木或塑料打造出复杂的设计。2000MW 激光雕刻机可以切开轻木或其他薄木片，并且可以在硬木、皮革和塑料上以很高的精度刻蚀出照片。

图 8-14　多功能制造设备 BoXZY

伦敦的 Fedor Gridnev 和 Elena Gaidar 开发了新型 5 轴加工平台 5 AxisMaker（图 8-15、图 8-16）。该机器能够安装几个不同配件，包括一个 3D 打印挤压出料口、数控钻头、线锯、喷水枪、触感探头以及后续将会开发出来的其他扩展部件。5 轴加工能提供比起传统市面上 3 轴加工平台前所未有的多功能制造体验。

⊖ 1hp=754.700W。

图 8-15　5 AxisMaker 外观

图 8-16　5 AxisMaker 结构

8.2.4　传动结构

目前的 3D 打印机对机械精度的要求不是很高，0.1mm 的传动比较容易达到。因此各种想法都可以尝试。图 8-17 所示 Tantillus 3D 打印机抛弃了传统的传动轮和同步带，用绕在轴上的钓鱼线来做传动，效果也很不错，如图 8-18 所示。

图 8-17　Tantillus 3D 打印机

图 8-18　Tantillus 3D 打印机传动方式

8.3　控制电路板的改进

在电路控制方面，可以使用 32bit ARM 控制电路板，让打印速度更快，优化打印机高速运动下的加速和减速挤出算法。同时加入无线打印功能，结合摄像头远程监控，开发 Web 上位机控制软件和云切片软件，真正实现远程打印（在任何地方都可以打印）。

3D 打印爱好者团队 Fastbot 开发的 3D 打印机控制电路板 BBP （图 8-19）就实现了上述的功能。BBP 控制电路板不仅能够提升打印速度（在 3D 打印机的使用体验中，打印速度一直是很多用户提出来需要最优先改善的问题之一），而且还能在多方面改善 3D 打印机的性能。BBP 控制电路板使用了一个 AM335X Cortex-A8 处理器，其运行主频高达 1GHz。此外还包括 5～6 个步进电动机驱动器、3 个加热器、6 个风扇、1 个 microSD 卡插槽、1 个以太网接口和 1 个 USB 插槽以供 USB WiFi 或摄像头连接。

为了带给移动用户更方便的 3D 打印体验，Fastbot 团队还开发了一款 Android APP，该 APP 集成了 3D 查看器和 3D 模型切片功能，用户基本上可以通过其移动设备直接移动、旋转和调整模型并启动 3D 打印功能。

图 8-19　3D 打印机控制电路板 BBP

8.4　挤出机的改进

由于各款 3D 打印机都是主要采用三角形、矩形作为机体结构的基本形状，在 3D 打印机工作时，X 轴、Y 轴是在不断运动的，所以为了提升打印机的精度，喷头运动时的动量对机体的影响越小越好。解决方法就是减轻喷头质量和提高机体刚性。

未来的另一个发展方向是挤出机模块化，多种类型挤出机可以共用相同部分，改进现有挤出头可以适应打印更多材料，并且支持多种材料混合打印。

例如波兰 3D 打印公司 TYTAN 3D 发布了其全新的 Gaja 3D 打印机 Gaja Multitool，专门打印黏土和陶瓷的 3D 打印机（图 8-20、图 8-21）。Gaja Multitool 配有两个挤出机。第一个是黏土挤出机，它带着一个容量为 1L 的料箱，直接安装在 3D 打印机上。该挤出机很适合 3D 打印比较小的对象，而且很容易装入黏土、更换和清洗。但如果想要打印更大的对象（该机最大可打印的直径为 30cm、高为 36～40cm），就需要一个更大的 10L 料箱。该料箱放置在 3D 打印机旁边，通过柔性软管将黏土送入挤出机中。这比较适于大的 3D 对象，因为它使用的喷嘴直径为 1～6mm。而另一个塑料挤出机可以支持目前市场上大多数不同的材料，它也允许用户使用树脂和黏合剂调和自己喜欢的材料配方，比如可以掺入青铜、铝、黄铜、玻璃、纸或混凝土等。比如今天想用 ABS 或 PLA 打印点东西，而黏土挤出机还在上面，只需拧开上面的螺钉，很容易就能通过滑轨从机器顶部把它取下来。而要安装别的挤出机，用户只需将其插入插槽并拧上打印机顶部的螺钉，不过 FDM 部件是插入另一个插槽，然后将材料装入即可开始打印。更换挤出机的整个过程只需几秒。

同样，Gaja Multitool 还具备多用平台的功能。其他可用的工具头包括：

金刚笔：可在金属和玻璃上雕刻铭文。

刀具：箔和胶粘剂切割出字符或图案。

CNC：它可以用平料磨浮雕，切割不同形状，为机械零件车出凹槽，甚至印制电路板等，目前可处理的材料包括中密度纤维板、塑料、泡沫和铝材等。

激光雕刻：这个选项应该被视为实验性的选项，因为它的功率非常小（只有 1.6W），目前可以用来蚀刻薄纸板等。

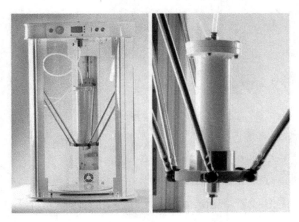

图 8-20　Gaja Multitool 3D 打印机

图 8-21　Gaja Multitool 3D 打印机打印黏土模型

甚至连 Reprap Prusa i3 打印平台都能自动补正（图 8-22），Marlin 的最新固件将平台自动补正的功能加进来。这个功能将原本 Z

轴的限位开关（Endstop）改装到挤出头的旁边，让限位开关直接接触打印平台，让 Marlin 测量到平台的实际位置。不但如此，Marlin 会测量平台上三个不同位置，然后计算出整个平台倾斜的状况，并依此补正打印空间的水平方向，让打印作品跟着平台一起倾斜，作品本身的三维维持垂直。如此一来，就不必每次打印前，都要耗费时间和精力手动做平台校正工作。

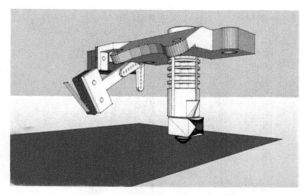

图 8-22　Reprap Prusa i3 打印平台自动补正

想参与到开源打印机 Reprap 改进的爱好者，可以在 http://reprap.org/wiki/reprap/zh_cn 中文页面上获得更多思路和细节。

附　　录

附录 A　　故障排除

故　障　现　象	排　除　方　法
3D 打印机通电机器无反应，控制电路板电源灯不亮	检查电源和控制电路板之间的连线，观察是否出现接触不良。检查控制电路板电源选择的插件，看是否是选择了主电源供电方式，而不是 USB 供电方式
3D 打印机打印过程中不出丝	打印中是否出现了打印材料卡住或者打印材料互相缠住。下一步检查挤出齿轮是否有打滑，若出现此种情况把打印材料拔出，剪掉出现打滑的部分材料。如果仍然不出丝，查看挤出头是否出现了堵头。如果出现挤出头堵头，使用相应的清理钻头清理打印头
温度无法上升	检查加热棒、加热电阻的引线跟延长线之间的压接套有没有接触不良。或者更换一个加热棒进行尝试
打印过程中出现丢步现象	可能由以下因素造成：①打印速度过快（适当降低 X、Y 电动机速度）；②电动机电流过大，导致电动机温度过高；③同步带过松或太紧；④电流过小。如果是因为电流过大或者电流过小造成，可以改变电流大小
打印件错位现象	查看 3D 打印件错位发生的方向，查看是否电线长度过短使得步进电动机不能运动到指定位置。检查错位发生方向打印机运动是否吃力，可以上些润滑油以减小摩擦力，如果还未改善可以稍微提高步进电动机的驱动电流，增大输出转矩
打印机开始打印时无法回到原点位置	使用万用表测量各限位开关的接线，检查是否出现接触不良

（续）

故 障 现 象	排 除 方 法
打印机在打印过程中无故中断	检查电源线，使用万用表测量是否出现了接触不良。计算 3D 打印机使用的功率和电源输出功率，判断是否电源出现功率或者温度过载，出现此情况可以更换大功率电源。有些劣质控制电路板（尤其一些劣质 Arduino mega 2560 控制电路板）也会出现打印中断，更换高品质的打印机控制电路板。检查切片软件的版本，切片软件出现漏洞也会造成打印中断，更新或者更换切片软件
打印机无法读取 SD 卡中的文件	检查文件的格式、命名方法。例如固件 Marlin 通电会自动加载 auto0.g 文件，自动开始脱机打印，一定严格按照固件读取文件的形式（auto0.gcode 文件将不会自动加载）。检查文件是否存在损坏。一些劣质 SD 卡也会造成无法读取，此时更换有品质保证的 SD 卡

附录 B　维护升级

1）定期检查润滑油的消耗情况。3D打印机缺少润滑油会对打印机造成很大程度的磨损，影响打印精度。

2）每次使用 3D 打印机之前都需要检查限位开关的位置。查看限位开关是否有在搬动过程中限位开关位置发生变化或者使用过程中出现松动。

3）定期检查 3D 打印机框架螺钉的紧固情况，查看是否松动。

4）每次使用时检查加热床板和加热挤出头温度探头的位置，检查是否出现了温度探头不能测量加热床或者挤出头温度的情况。

5）定期检查同步带的松紧情况。

6）定期清理打印挤出头外面附着的打印材料。

7）打印一段时间后，如果出现打印头经常堵头，可以更换新的打印挤出头。

8）3D 打印机运动过程中精度明显下降的情况下，可以更换 3D 打印机轴运动的轴承。

9）平台维护：用不掉毛的绒布加上外用酒精或者一些丙酮指甲油清洗剂将平台表面抹干净。

附录 C 国内部分 3D 打印机厂家及网址

青岛金石塞岛有限公司	http://www.idream3d.com.cn/
青岛尤尼科技有限公司	http://www.anyprint.com/
沈阳盖恩科技有限公司	http://www.3dgnkj.com/
优克多维（大连）科技有限公司	http://www.um3d.cn/
沈阳菲德莫尔科技有限公司	http://www.3dmini.net/
北京汇天威科技有限公司	http://www.hori3d.com/
北京北方恒利科技发展有限公司	http://www.hlzz.com/
北京隆源自动成型系统有限公司	http://www.lyafs.com.cn/
北京威控睿博	http://www.ucrobotics.com/
北京太尔时代科技有限公司	http://www.tiertime.com/
北京恒尚科技有限公司	http://www.husun.com.cn/
北京清大致汇科技有限公司	http://www.ome3d.com/
北京 AOD	http://www.aod3d.com/
深圳森工科技有限公司	http://www.soongon.com/
深圳市熔普三维科技有限公司	http://www.rp3d.com.cn/
深圳市云品三维科技有限公司	http://www.yunpin3d.com/
深圳市克洛普斯科技有限公司	http://www.clopx.com/
深圳市维示泰克技术有限公司	http://www.weistek.net/

中科院广州电子技术有限公司	http://www.giet.ac.cn/index.asp
广州闪固电子科技有限公司	http://www.sg-3d.com/cn/
广州市网能产品设计有限公司	http://www.zbot.cc/
深圳武腾科技有限公司	http://www.mootooh3d.com/
广东奥基德信机电有限公司	http://www.oggi3d.com/
珠海创智科技有限公司	http://www.makerwit.com/
珠海西通电子有限公司	http://www.ctc4color.com/
深圳市极光尔沃科技有限公司	http://www.zgew3d.com/
广州捷和电子科技有限公司	http://www.qubea.com/
东莞亿维晟信息科技有限公司	http://www.evstech.com.cn/
广州文博	http://www.winbo-tech.com/cn
深圳光韵达光电科技股份有限公司	http://www.sunshine3dp.com/
盈普光电设备有限公司	http://www.trumpsystem.com/
福建海源三维打印高科技有限公司	http://www.haiyuan3d.com/
杭州捷诺飞生物科技	http://www.regenovo.com/
浙江迅实科技有限公司	http://www.xun-shi.com/
宁波华狮智能科技有限公司	http://www.robot4s.com/cn/index.php
杭州聚康汽配科技有限公司	http://www.jkqp3d.com/
杭州喜马拉雅集团科技有限公司	http://www.zj-himalaya.com/
瑞安市启迪科技有限公司	http://www.qd3dprinter.com/
浙江台州 3D 打印中心	http://www.taizhou3d.cn/
杭州杉帝科技有限公司	http://www.miracles3d.com/
宁波泰博科技有限公司	http://www.nbtbkj.com/
金华市易立创三维科技有限公司	http://www.ecubmaker.com/
杭州铭展网络科技有限公司	http://www.magicfirm.com/
宁波杰能光电	http://www.wise3dprintek.com/
温州浩维三维技术有限公司	http://www.haowei3d.com/

浙江闪铸三维科技有限公司	http://www.sz3dp.com/
杭州先临三维科技股份有限公司	http://www.shining3d.cn/
乐清市凯宁电气有限公司（创立德）	http://www.china3dprinter.cn/
金华万豪	http://wanhao3dprinter.com/
义乌筑真电子科技有限公司	http://www.real-maker.com/
米家信息技术有限公司	http://www.megadata3d.com/
上海甘琼贸易有限公司	http://www.lanyue3d.com/
盈创建筑科技（上海）有限公司	http://www.yhbm.com/
上海福斐科技发展有限公司	http://www.techforever.com/
上海富奇凡机电科技有限公司	http://www.fochif.com/
上海复志信息技术有限公司	http://www.shfusiontech.com/
上海铸悦电子科技有限公司	http://www.3djoy.cn/
上海悦瑞三维科技股份有限公司	http://www.ureal.cn/
上海联泰科技有限公司	http://www.union-tek.com/
3D 部落(上海)股份科技有限公司	http://www.3dpro.com.cn
智垒电子科技(上海)有限公司	http://www.zl-rp.com.cn/
迈济智能科技（上海）有限公司	http://www.imagine3d.asia/
安徽西锐三维打印科技有限公司	http://www.11467.com/shanghai/co/ 1138262.htm
武汉巧意科技有限公司	http://www.qiaoyi3d.com/
武汉迪万科技有限公司	http://www.whdiwan.com/
武汉滨湖机电技术产业有限公司	http://www.binhurp.com/
湖南华曙高科技有限责任公司	http://www.farsoon.com/
岳阳巅峰电子科技有限责任公司	http://www.df3dp.com/
河南速维	http://www.creatbot.com/
河南良益	http://www.zzliangyi.com/
郑州乐彩	http://www.locor3d.com/

河南仕必得电子科技有限公司	https://shop110315112.taobao.com
合肥沃工电器自动化有限公司	http://www.hfwego.com/
三纬（苏州）立体	http://www.xyzprinting.com/
威森三维科技有限公司	http://www.weisen3d.com/
成都引领叁维科技有限公司	http://www.yl3v.com/
西安非凡士	http://www.elite-robot.com/
陕西恒通智能机器有限公司	http://www.china-rpm.com/
中瑞科技	http://www.zero-tek.com/cn/index.html
磐纹科技	http://www.panowin.com/
南京宝岩自动化有限公司	http://www.by3dp.cn/
迈睿科技	http://www.myriwell.com
台湾研能科技股份有限公司	http://www.microjet.com.tw/
台湾普立得科技有限公司	http://www.3dprinting.com.tw/

附录 D 国内部分 3D 打印行业网站及论坛网址

3D 打印培训网	www.mdnb.cn
3D 打印信息网	http://www.3dpxx.com/
3D 打印网	http://www.3ddyw.org
3D 打印网	http://www.3drrr.com/
3D 打印网	http://www.3d−dayinw.com/
3D 行业网	http://www.3dhangye.com/
3D 打印机网	http://www.3done.cn
3D 打印在线	http://www.3dprintonline.cn/
3D 打印联盟	http://3dp.uggd.com/
3D 打印时代	http://www.3dprintime.com/
3D 打印行业网	http://www.1143d.com/
3D 打印商情网	http://3d.laserfair.com/
3D 打印产业化网	http://www.china3ttf.com
3D 打印实践论坛	http://www.03dp.com/
3D 打印机论坛	http://www.qjxxw.net/
3D 打印改变世界	http://www.3dddp.com/
3D 小蚂蚁	http://www.3dxmy.com
3D 云制造	http://www.3dcm.cn/

3D 沙虫网	http://www.3dsc.com/
3D 工坊	http://www.3dpgf.com
3D 苹果	http://www.3dapple.cn/
3D 印坊	http://www.3dyf.com
3D 打啦	http://ida.la/
3D 社群	http://fans.solidworks.com.cn/portal.php
3D 族	http://www.3dzu.net/
3D 邦	http://www.sandbang.com/
3D 虎	http://www.3dhoo.com/
中国 3D 打印网	http://www.3ddayin.net/
中国 3D 打印机网	http://www.china3dprint.com/
中国 3D 打印社区	http://www.china3dprint.org/
中国 3D 打印产业网	http://www.3dop.cn/
中国 3D 打印技术产业联盟	http://www.zhizaoye.net/3D
中国 3D 打印门户网	http://www.3djishu.com.cn/
南极熊 3d 打印网	http://www.nanjixiong.com/
太平洋 3D 打印网	http://www.3dtpy.com/
OF WEEK 3D 打印网	http://3dprint.ofweek.com/
凌云 3D 网	http://www.lingyun3d.com/
三维网	http://www.3dportal.cn/discuz/portal.php
三多网	http://3door.com/forum
三达网	http://www.3dpmall.cn/
三迪时空	http://www.3dfocus.com.cn/
三弟网	http://www.i3dp.com.cn/
天工社	http://maker8.com/
叁迪网	http://www.3drp.cn/
3D 丸	http://www.3done.cn/

胖 3D	http://www.palm3d.com/
嘀嗒印	http://www.didayin.com/
打印网	http://www.my3d.com.cn/
打印虎	http://www.dayinhu.com
开源 3D	http://www.3dprinter-diy.com/
纳金网	http://www.narkii.com/
微小网	http://www.vx.com/
开思网	http://3dp.icax.org/forum.php
ARE3D	http://bbs.are3d.com/
魔猴网	http://www.mohou.com/
墨拼图	http://www.mopintu.com/
打印爱好者	http://www.360printed.com/
D 客学院	http://www.dkmall.com/college/
筑梦制造	http://www.mongcz.com/
云智小窝	http://bbs.3dreamwell.com/
朗恩 3D 打印	http://www.lionedu.cn/
蘑菇头社区	http://www.mogooto.com
毛毛虫	http://www.xj3d.cn/
虎嗅网	http://www.huxiu.com/tags/2281.html
蚂蚁窝	http://www.antvoo.com
我爱 3D	http://www.egouz.com/topics/6292.html
意造网	http://www.woyaosheji.com
我是设计师	http://www.publishyourdesign.com
阿祖拉	https://www.azura3d.com
X-TEACH	http://www.x-teach.com

附录 E 国内外部分 3D 打印模型下载链接

MAKEBOT	http://www.thingiverse.com/
MYMINIFACTORY	http://www.myminifactory.com/
YEGGI	http://www.yeggi.com
Def	http://www.defcad.org
蚂蚁窝	http://www.antvoo.com/
易 3D	http://www.yi3d.com/plugin.php?id=chs_wat-erfall:waterfall
打印虎	http://www.dayinhu.com/
纳金网	http://www.narkii.com/club/forum−68−1.html
我爱 3D	http://www.woi3d.com/
打印啦	http://www.dayin.la/
光神王市场	http://www.fuiure.com/
晒悦	http://www.tt3d.cn/
微小网	http://www.vx.com/
魔猴	http://www.mohou.com/index−pre_index−c-urpage−3.html
3D 模型库	http://www.dayinapp.com/
3D 打印之家	http://www.3ddayinzhijia.com/l−model.html

3D 风	http://www.3dfe.com/index.php/product/index
3D 打印模型网	http://3dpmodel.cn/forum.php?gid=36
3D 扣扣	http://www.3dkoukou.com/3Dmoxingku/
3D 动力网	http://bbs.3ddl.net/forum-2075-1.html
3D 苹果	http://www.3dapple.cn/forum-2-1.html
3D 打印网	http://bbs.3drrr.com/forum-53-1.html
3D 打印联盟	http://3dp.uggd.com/mold/
三多网	http://3door.com/download/3dmo-xing-xia-zai
南极熊	http://mx.nanjixiong.com/forum.php?mod=foru-mdisplay&fid=115
度维	http://modle.3ddov.com/threedmodel/index1.html
模型库	http://www.moxingku.cn/
熊玩意	http://www.xiongwanyi.com/
天工社	http://maker8.com/forum-37-1.html
太平洋 3D 打印	http://www.3dtpy.com/download
橡皮泥 3D 打印	http://www.simpneed.com/
3Done	http://www.3done.cn/
蔚图网	http://www.bitmap3d.com/

参 考 文 献

[1] 王广春. 快速成型与快速模具制造技术及其应用[M]. 3 版. 北京: 机械工业出版社, 2013.

[2] 王德花, 马筱舒. 需求引领创新驱动——3D 打印发展现状及政策建议[J/OL]. 中国科技产业, 2014, 8[2015-3-1]. http://www.doc88.com/p-1867561967504.html.

[3] 3D 打印（简介、原理及技术）[EB/OL]. [2013-10-29]. http://www.rs-online.com/designspark/electronics/chn/blog/content-206.

[4] 阿巴赛 3D 教育. 面向 3D 打印建模注意事项[EB /OL]. [2014-11-25]. http://www.docin.com/p-970241036.html.

[5] 不使用线性推杆和轴承的 3D 打印机 IcePick Delta[EB /OL]. [2014-12-22]. http://maker8.com/article-2520-1.html.

[6] 使用 SCARA 臂的 3D 打印机 MK3[EB /OL]. [2014-6-21]. http://maker8.com/article-1335-1.html.

[7] 使用 BBP 控制板"超频"您的 3D 打印机[EB /OL]. [2015-3-11]. http://maker8.com/article-3060-1.html.